"十二五"职业教育国家规划教材
经全国职业教育教材审定委员会审定

传感器电路制作与调试项目教程

（第2版）

主　编　王　迪
副主编　林卓彬　徐志成　孙会勇
参　编　李宝泉　裴　蓓　吕国策
主　审　聂辉海　隋秀梅

电子工业出版社

Publishing House of Electronics Industry

北京·BEIJING

内 容 简 介

本书是职业院校工科类教材，以培养学生实践动手能力为主线，主要介绍了各种传感器的类型及应用。本书包含22个项目，每个项目的知识点随着实际工作的需要引入，项目内容包括"任务引入"、"原理分析"、"任务实施"等环节。除此之外，教材中还提供了电路原理图、元器件清单、元器件实物照片、电路制作技巧及电路制作注意事项等内容，每节均配有启发性的思考题及相应的阅读材料。本书附带多媒体教辅资源（www.hxedu.com.cn），便于教师和学生使用。

本书适用于职业院校学生，也可供对传感器技术感兴趣的自学者参考。

未经许可，不得以任何方式复制或抄袭本书之部分或全部内容。

版权所有，侵权必究。

图书在版编目（CIP）数据

传感器电路制作与调试项目教程 / 王迪主编. —2版. —北京：电子工业出版社，2015.8

ISBN 978-7-121-26174-9

Ⅰ. ①传… Ⅱ. ①王… Ⅲ. ①传感器—电子电路—制作—高等职业教育—教材②传感器—电子电路—调试方法—高等职业教育—教材 Ⅳ. ①TP212

中国版本图书馆 CIP 数据核字（2015）第 116078 号

策划编辑：白　楠
责任编辑：白　楠
印　　刷：北京虎彩文化传播有限公司
装　　订：北京虎彩文化传播有限公司
出版发行：电子工业出版社
　　　　　北京市海淀区万寿路173信箱　邮编　100036
开　　本：787×1 092　1/16　印张：13.75　字数：352千字
版　　次：2011年8月第1版
　　　　　2015年8月第2版
印　　次：2021年5月第11次印刷
定　　价：30.00元

凡所购买电子工业出版社图书有缺损问题，请向购买书店调换。若书店售缺，请与本社发行部联系，联系及邮购电话：（010）88254888，88258888。

质量投诉请发邮件至 zlts@phei.com.cn，盗版侵权举报请发邮件至 dbqq@phei.com.cn。

本书咨询联系方式：（010）88254592，bain@phei.com.cn。

前　言

职业教育肩负着"为生产、建设、管理、服务第一线培养高级技术应用型人才"的使命，基于职业教育的特定性，其教材必须有自己的体系和特色。

本教材为工科类职业院校应用电子技术、电气自动化技术、机电一体化技术、城市轨道交通车辆等专业的一门必修专业课程。该书打破学科体系对知识内容的序化，以能力培养为主线，依据技术领域和职业岗位（群）的任职要求，对原有的课程内容进行重构和优化。依据课程教学目标，将"电子技术"、"传感器技术"、"电子电气 CAD"和"电子技能实训"综合在一起，根据传感器的种类及应用将教材分为两篇，其中第一篇包含 9 章，对应 22 个项目，第二篇包含 3 章，内容涵盖了各种常见传感器及其应用领域的相关知识。每个项目以实例为引，采用"任务引入—分析—设计—制作—调试"的工作流程。以此增强学生在校学习与实际工作的一致性，凸显课程的职业特色。

本书编写特点：

1. 以传感器为中心设计电路，力求以少的元器件数目、以简单的电路设计，实现传感器的功能；

2. 本书大部分项目均在光盘中配备了教学指南、电子教案、习题答案、Protel 文件以及项目演示视频供读者参考；

3. 书中选取的项目具有很强的扩展性，在原有电路的基础上进行功能扩展之后就能实现其他应用。

本教材由长春职业技术学院工程技术分院王迪任主编，由长春职业技术学院工程技术分院林卓彬、徐志成，长春市轨道交通集团有限公司高级工程师孙会勇任副主编，吉林工业职业技术学院自动化系李宝泉，长春职业技术学院工程分院裴蓓、吕国策任参编。其中第一篇"传感器电路制作与调试"部分中的绪论由裴蓓编写，第一章、第二章、第三章由王迪编写，第四章由吕国策编写，第五章、第六章、第七章、第八章由林卓彬编写，李宝泉参与了第七章的编写工作，第九章由孙会勇编写，第二篇"传感器典型应用"由徐志成编写，全书由王迪统稿，由长春职业技术学院工程技术分院隋秀梅担任主审。电子工业出版社还聘请了聂辉海老师对书稿进行了审阅。

本书在编写过程中，得到了编者所在单位各部门工作人员的大力协助，在此一并表示感谢。由于作者水平有限，疏漏之处在所难免，请广大读者批评指正。

编　者

目 录

第 一 篇

绪论 传感器的应用 2

第一章 测量 7
    项目 1 电阻的测量 11

第二章 温度传感器 14
    项目 2 温度报警电路 20
    项目 3 多点温度声光报警电路 24
    项目 4 简易热电偶 37
    项目 5 火灾报警电路 41
    项目 6 简易室内温度计 47

第三章 光电传感器 52
    项目 7 简易自动照明装置 58
    项目 8 简易照度计 62
    项目 9 光电池的应用 65
    项目 10 红外遥控测试仪 70

第四章 气体传感器 74
    项目 11 酒精检测仪 78
    项目 12 瓦斯报警器 82

第五章 湿度传感器 87
    项目 13 婴儿尿湿报警器 90
    项目 14 湿度测试仪 94

第六章 磁敏传感器 99
    项目 15 磁控电路 102
    项目 16 入侵报警器 114

第七章 超声波传感器 120
    项目 17 超声波测距仪 125

第八章　力传感器 ··· 135
　　项目 18　应变片的应用 ·· 140
　　项目 19　声控玩具娃娃 ·· 146
　　项目 20　保险柜防盗报警电路 ·· 151
　　项目 21　声音传感器电路 ·· 160
第九章　电涡流传感器 ··· 169
　　项目 22　金属检测仪 ··· 175

第二篇

第一章　机器人传感器相关知识简介 ·· 181
第二章　汽车传感器基础知识阅读 ·· 185
第三章　家居传感器 ··· 196
布局设计用纸 ··· 201

第一篇

绪论　传感器的应用

传感器技术是信息技术的三大支柱之一，广泛应用在工业自动化、能源、交通、灾害预测、安全防卫、环境保护、医疗卫生等方面，具有举足轻重的作用。人类的日常生活中也离不开传感器，可以说现代生活中传感器是无时不在，无处不有。如果将自动控制设备的功能与人体相比较，则传感器就相当于人的眼、耳、鼻等感觉器官，生活中如果感觉器官不灵敏，人就不会得心应手地行动；同样，对于自动控制系统，如果不能准确地检测被控量，则不能进行有效的控制。因此，传感器是自动控制系统的重要组成部分。

传感器是将各种输入物理量（非电量）转变为电量的器件或机构，它是获取电信号的关键部件。某些传感器不仅能够转换物理量，同时还具有摄取、传输和识别的功能。

一、什么是传感器

人们为了从外界获取信息，必须借助于感觉器官。人的感官——眼、耳、鼻、舌、皮肤分别具有视、听、嗅、味、触觉，人的大脑通过感官就能感知外部信息。人的行动受大脑支配，而大脑发出各种行动指令的依据，则是人的感官。没有感官的帮助，高度发达的大脑将毫无用武之地。现代信息技术包括计算机技术、通信技术和传感器技术。计算机相当于人的大脑，通信相当于人的神经，而传感器相当于人的感官。计算机发出各种指令的依据是对各被控制量的测量结果，而对被控制量的测量一般是由传感器来完成的。传感器既能够感受指定的被测量，并将其按照一定的规律转换成可用输出信号的器件或装置，也可以将传感器理解成一感二传，即感受被测信息并传送出去。

二、传感器有什么作用

传感器的应用越来越广泛，例如家用电冰箱是用温控器来控制压缩机的开关而达到温度控制的目的的。如果温控器中的温度传感器损坏，则电冰箱就无法正常工作了。再比如一架现代波音飞机中的各种传感器达到上千只。目前，传感器已应用到诸如工业生产、宇宙探索、海洋探测、环境保护、资源调查、医学诊断、生物工程和文物保护等极其广泛的领域。总之，从茫茫的太空到浩瀚的海洋，以及各种复杂的工程系统，几乎每一个现代化项目都离不开各种各样的传感器。由此可见，传感器技术在发展经济、推动社会进步方面具有十分重要的作用。

三、传感器的分类

传感器的种类繁多、原理各异，检测对象几乎涉及各种参数，通常一种传感器可以检测多种参数，一种参数又可以用多种传感器测量。所以传感器的分类方法至今尚无统一规定，主要按工作原理、输入信息和应用范围来分类。

1. 按工作原理分

传感器按工作原理大体上可分为物理型、化学型及生物型三大类。

物理型传感器是利用某些变换元件的物理性质以及某些功能材料的特殊物理性能制成的传感器，它又可以分为物性型传感器和结构型传感器。

物性型传感器是利用某些功能材料本身所具有的内在特性及效应将被测量直接转换为电量的传感器。结构型传感器是以结构（如形状、尺寸等）为基础，在待测量作用下，其结构发生变化，利用某些物理规律，获得比例于待测非电量的电信号输出的传感器。

化学型传感器是利用敏感材料与物质间的电化学反应原理，把无机和有机化学成分、浓度等转换成电信号的传感器，如气体传感器、湿度传感器和离子传感器等。

生物型传感器是利用材料的生物效应构成的传感器，如酶传感器、微生物传感器、生理量（如血液成分、血压、心音、血蛋白、激素、筋肉强力等）传感器、组织传感器、免疫传感器等。

2. 按输入信息分类

传感器按输入量分类有位移传感器、速度传感器、加速度传感器、温度传感器、压力传感器、力传感器、色传感器、磁传感器等，以输入量（被测量）命名。这种分类对传感器的应用很方便。

3. 按应用范围分类

根据传感器的应用范围不同，通常可分为工业用、农业用、民用、科研用、医用、军用、环保用和家电用传感器等。若按具体使用场合，还可分为汽车用、舰船用、飞机用、宇宙飞船用、防灾用传感器等。如果根据使用目的的不同，又可分为计测用、监视用、检查用、诊断用、控制用和分析用传感器等。

四、传感器的选用

现代传感器在原理与结构上千差万别，如何根据具体的测量目的、测量对象以及测量环境合理地选用传感器，是在进行某个量的测量时首先要解决的问题。当传感器确定之后，与之相配套的测量方法和测量设备也就可以确定了。测量结果的成败，在很大程度上取决于传感器的选用是否合理。

1. 根据测量对象与测量环境确定传感器的类型

要进行一项具体的测量工作，首先要考虑采用何种原理的传感器，这需要分析多方面的因素之后才能确定。因为，即使是测量同一物理量，也有多种原理的传感器可供选用，哪一种原理的传感器更为合适，则需要根据被测量的特点和传感器的使用条件考虑以下一些具体问题：量程的大小；被测位置对传感器体积的要求；测量方式是接触式还是非接触式；信号的引出方法是有线还是无线；传感器的来源是国产还是进口，价格能否承受，还是自行研制。

在考虑上述问题之后就能确定选用何种类型的传感器，然后再考虑传感器的具体性能指标。

2．灵敏度的选择

通常，在传感器的线性范围内，希望传感器的灵敏度越高越好。因为只有灵敏度高时，与被测量变化对应的输出信号的值才比较大，有利于信号处理。但要注意的是，传感器的灵敏度高，与被测量无关的外界噪声也容易混入，也会被放大系统放大，影响测量精度。因此，要求传感器本身应具有较高的信噪比，尽量减少从外界引入的干扰信号。

传感器的灵敏度是有方向性的。当被测量是单向量，而且对其方向性要求较高时，则应选择其他方向灵敏度小的传感器；如果被测量是多维向量，则要求传感器的交叉灵敏度越小越好。

3．频率响应特性

传感器的频率响应特性决定了被测量的频率范围，必须在允许频率范围内保持不失真的测量条件，实际上传感器的响应总有一定延迟，希望延迟时间越短越好。

传感器的频率响应高，可测的信号频率范围就宽，而由于受到结构特性的影响，机械系统的惯性较大，因而频率低的传感器可测信号的频率较低。

在动态测量中，应根据信号的特点（稳态、瞬态、随机等）选择响应特性，以免产生过大的误差。

4．线性范围

传感器的线形范围是指输出与输入成正比的范围。理论上讲，在此范围内，灵敏度保持定值。传感器的线性范围越宽，则其量程越大，并且能保证一定的测量精度。在选择传感器时，当传感器的种类确定以后首先要看其量程是否满足要求。

但实际上，任何传感器都不能保证绝对的线性，其线性度也是相对的。当要求的测量精度比较低时，在一定的范围内，可将非线性误差较小的传感器近似看作线性的，这会给测量带来极大的方便。

5．稳定性

传感器使用一段时间后，其性能保持不变化的能力称为稳定性。影响传感器长期稳定性的因素除传感器本身结构外，主要是传感器的使用环境。因此，要使传感器具有良好的稳定性，传感器必须要有较强的环境适应能力。

在选择传感器之前，应对其使用环境进行调查，并根据具体的使用环境选择合适的传感器，或采取适当的措施，减小环境的影响。

传感器的稳定性有定量指标，在超过使用期后，在使用前应重新进行标定，以确定传感器的性能是否发生变化。

在某些要求传感器能长期使用而又不能轻易更换或标定的场合，所选用传感器的稳定性要求更严格，要能够经受住长时间的考验。

6. 精度

精度是传感器的一个重要的性能指标，它是关系到整个测量系统测量精度的一个重要环节。传感器的精度越高，其价格越昂贵。因此，传感器的精度只要满足整个测量系统的精度要求就可以，不必选得过高，这样就可以在满足同一测量目的的诸多传感器中选择比较便宜和简单的传感器。

如果测量目的是定性分析，选用重复精度高的传感器即可，不宜选用绝对量值精度高的；如果是为了定量分析，必须获得精确的测量值，就需选用精度等级能满足要求的传感器。对某些特殊使用场合，无法选到合适的传感器，则需自行设计制造传感器。自制传感器的性能应满足使用要求。

五、传感器的保养与维修

1. 传感器的使用保养

传感器的种类很多，使用范围也很广，使用前应注意仔细阅读说明书及相关资料。传感器的使用注意事项主要有以下几点。

（1）精度较高的传感器都需要定期校准，一般每3～6个月校准一次。
（2）传感器通过插头与供电电源和仪表连接时，应注意引线不能接错。
（3）各种传感器都有一定的过载能力，但使用时应尽量不要超过量程。
（4）在搬运和使用过程中，注意不要损坏传感器的探头。
（5）传感器不使用时，应存放在温度为10～35℃、相对湿度不大于85%、无酸、无碱、无腐蚀性气体的室内。

例如，打印机中的光电传感器被污染，会导致打印机检测失灵，如手动送纸传感器被污染后，打印机控制系统检测不到有、无纸张的信号，手动送纸功能便失效。因此，遇到这样的情况，我们应当仔细阅读说明书和使用注意事项，一旦出现这种情况应用脱脂棉把相关的各传感器表面擦拭干净，使它们保持洁净，始终具备传感灵敏度。

2. 传感器的维修

传感器故障分析与维修是一线操作和维护人员经常遇到的问题，如下是一些常用的处理方法。

（1）调查法。

调查法是通过对故障现象和它产生发展过程的调查了解，分析判断故障原因的方法。

（2）直观检查法。

直观检查法是不用任何测试仪器，通过人的感官（眼、耳、鼻、手）去观察发现故障的方法。直观检查法分外观检查和开机检查两种。

（3）替换法。

替换法是通过更换传感器件或线路板以确定故障在某一部位的方法。用规格相同、性能良好的元器件替下怀疑故障的元器件，然后通电试验，如故障消失，则可确定该元器件是故障所在。若故障依然存在，可对另一被怀疑的元器件或线路板进行相同的替代试验，直到确定故障部位。

在传感器出现不可修复的故障时，坚持以"替换"为修理方法。当手头没有相同型号的传感器可供替换时，就进行相关参数的调整。调整后的系统需调试合格后才能运行。

说到传感器就不能不提测量的相关概念。检测与转换技术是自动检测技术和自动转换技术的总称，它是以研究自动检测系统中的信息提取、信息转换以及信息处理的理论和技术为主要内容的一门应用技术学科。本书将在第一章介绍有关测量的基础知识。

第一章 测 量

测量就是通过一定的实验方法、借助一定的实验器具将待测量与选做标准的同类量进行比较的实验过程。测量结果应包括数值、单位以及结果可信赖的程度（不确定度）三部分。本章介绍测量和误差的相关知识。

一、测量方法

对于测量方法，从不同的角度出发，有不同的分类方法。

1. 静态测量和动态测量

根据被测量是否随着时间变化，可分为静态测量和动态测量。例如，用尺子测量桌子的长度属于静态测量（图 1-1）；又如，当乘坐飞机时，气流从机头前方流向飞机，飞机速度越快，气流速度越大，用测量气流速度的方法来测量飞机速度就属于动态测量（图 1-2）。

图 1-1 静态测量

图 1-2 动态测量

2. 直接测量和间接测量

根据测量的手段不同，可分为直接测量和间接测量。用标定的仪表直接读取被测量的测量结果，该方法称为直接测量。比如，用电压表直接测量电阻值，如图 1-3 所示。间接测量是利用直接测量的量与被测量之间的函数关系（可以是公式、曲线或表格等）间接得到被测量量值的测量方法。例如伏安法测电阻，利用电压表和电流表分别测量出电阻两端的电压和通过该电阻的电流，然后根据欧姆定律计算出被测电阻的大小。

3. 模拟式测量和数字式测量

根据测量结果的显示方式，可分为模拟式测量和数字式测量。如图 1-4 所示为模拟式测量，如图 1-5 所示为数字式测量。通常情况下，要求精密测量时均采用数字式测量。

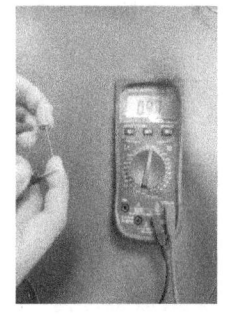

图 1-3 直接测量

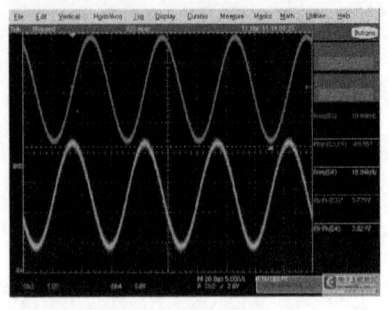
图 1-4 模拟式测量

图 1-5 数字式测量

4．接触式测量和非接触式测量

根据测量时是否与被测对象接触，可分为接触式测量和非接触式测量。例如，用红外体温测试仪测量体温属于非接触式测量，而用传统的水银体温计测体温则属于接触式测量，如图 1-6 所示。非接触式测量不影响被测对象的运行工况，是目前发展的趋势。

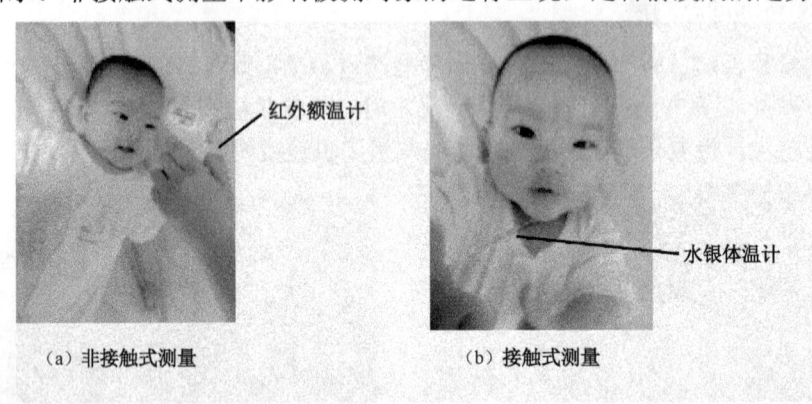

（a）非接触式测量　　　　　　　（b）接触式测量

图 1-6 体温测量

5．在线测量和离线测量

根据检测过程是否与生产过程同时进行，可分为在线测量和离线测量。例如，为了监视生产过程，在生产流水线上检测产品质量的测量称为在线测量，如图 1-7 所示，它能保证产品质量的一致性。而离线测量则是在产品生产完成后的测量形式，虽然能测量出产品的合格与否，但无法实时监控生产质量。

二、测量误差

要取得任何一个量的值，都必须通过测量完成。任

图 1-7 在线测量

何测量方法测出的数值都不可能是绝对准确的，即总是存在所谓的"误差"。这是因为测量设备、仪表、测量对象、测量方法、测量者本身都不同程度受到自身和周围各种因素的影响，并且这些影响因素也在经常不断地变化着；其次，被测量对象对仪器施加作用，才能使仪器

给出测量结果，但是被测量对象和测量仪器之间的作用是相互的，测量仪器对被测量对象的反作用不可避免地会改变被测对象的原有状态。

测量值与真实值之间的差值称为测量误差。测量误差按误差的表示方法不同可分为绝对误差和相对误差；按误差出现的规律可分为系统误差、随机误差和粗大误差；按误差是否随时间变化可分为静态误差和动态误差。

1. 绝对误差和相对误差

所谓绝对误差 Δx 是指某一物理量的测量值 x 与真值 A_0 的差值。

$$\Delta x = x - A_0 \tag{1-1}$$

例如，一个采购员买了 100kg 大米、10kg 苹果、1kg 巧克力，回来称重发现大米是 99.5kg，苹果是 9.5kg，巧克力是 0.5kg。试问：购买这三样东西的绝对误差分别是多少？根据公式可以得出，购买大米、苹果和巧克力的绝对误差都是 0.5kg，但假如你是采购员，你对这三个卖家的意见能一样吗？

虽然绝对误差相同，但是对卖巧克力的卖家意见最大。产生这一情况的因素是相对误差。

相对误差可以用来表示测量值偏离真实值的程度，也就是测量精确度的高低。相对误差有两种：一种是示值相对误差，另一种是满度相对误差。

示值相对误差 δ_A：示值相对误差是用绝对误差 Δx 与被测量实际值 A_0 的百分比来表示的相对误差，即

$$\delta_A = \frac{\Delta x}{A_0} \times 100\% \tag{1-2}$$

回到刚才有关采买的问题，利用公式分别计算购买大米、苹果、巧克力的示值相对误差得到的值为 $\frac{0.5}{99.5}$、$\frac{0.5}{9.5}$、$\frac{0.5}{0.5}$，可见购买巧克力的示值相对误差最大，因此对卖巧克力的商家意见最大。

再来说说另一种相对误差——满度（或引用）相对误差 δ_m：满度相对误差是用绝对误差 Δx 与仪器的满度值 A_m 的百分比值表示的相对误差，即

$$\delta_m = \frac{\Delta x}{A_m} \times 100\% \tag{1-3}$$

上述相对误差在多数情况下均取正值。对测量下限不为零的仪表而言，可用最大量程减去最小量程（$A_{max} - A_{min}$）来代替分母中的 A_m，当 Δ 取最大值 Δm 时，满度相对误差常被用来确定仪表的准确度等级 S

$$S = \left|\frac{\Delta x}{A_m}\right| \times 100 \tag{1-4}$$

准确度等级也被称作精度等级，在测量仪器上经常可以看到精度等级。我国模拟仪表有下列 7 种等级：0.1、0.2、0.5、1.0、1.5、2.5、5.0（表 1-1）。它们分别表示对应仪表的满度相对误差所不应超过的百分比。一般来说，等级的数值越小，仪表的价格就越贵。根据仪表的精度等级可以确定测量的满度相对误差和最大绝对误差。

表 1-1　仪表的准确度等级和基本误差

等级	0.1	0.2	0.5	1.0	1.5	2.5	5.0
基本误差	±0.1	±0.2%	±0.5%	±1.0%	±1.5%	±2.5%	±5.0%

在每次测量中是不是选用精度等级越小的仪表越好呢？例如有 0.5 级的 0~300℃的和 1.0 级的 0~100℃的两个温度计，要测量 80℃的温度，试问用哪一个温度计好？要想知道用哪一个温度计更好，就应求出哪一个温度计测量后的示值相对误差更小，根据公式可得：

用 0.5 级表测量时，可能出现的最大示值相对误差为

$$\delta_x = \frac{\Delta m_1}{A_x} \times 100\% = \frac{300 \times 0.5\%}{80} \times 100\% = 1.875\%$$

若用 1.0 级表测量时，可能出现的最大示值相对误差为

$$\delta_x = \frac{\Delta m_2}{A_x} \times 100\% = \frac{100 \times 1.0\%}{80} \times 100\% = 1.25\%$$

计算结果表明，用 1.0 级表比用 0.5 级表的示值相对误差反而小，所以更合适。由上例可知，在选用仪表时应兼顾精度等级和量程，通常情况下希望示值落在仪表满度值的 2/3 左右。

2．按误差出现的规律分类

（1）系统误差：其变化规律服从某种已知函数。系统误差主要由以下几方面因素引起：材料、零部件及工艺缺陷；环境温度、湿度、压力的变化以及其他外界干扰等。例如，机械手表和老式的挂钟就需要定期进行校准，如图 1-8 所示。

图 1-8　机械手表及机械挂钟

系统误差表明了一个测量量偏离真值或实际值的程度。在一个测量系统中，测量的精度由系统误差来表征，系统误差越小，测量就越正确，所以还经常用正确度一词来表征系统误差的大小。

（2）随机误差：也称偶然误差，其变化规律未知。随机误差是由很多复杂因素的微小变化的总和所引起的，因此分析起来比较困难。但是，随机误差具有随机变量的一切特点，在一定条件下服从统计规律。因此，通过多次测量后，对其总和可以用统计规律来描述，也可从理论上估计对测量结果的影响，如图 1-9 所示。

随机误差表现了测量结果的分散性。在误差理论中，常用精密度一词来表征随机误差的大小。随机误差越小，精密度越高。如果一个测量结果的随机误差和系统误差均小，则表明测量既精密又正确。

（3）粗大误差：是指在一定条件下测量结果显著偏离其实际值所对应的误差。在测量及数据处理中，如发现某次测量结果所对应的误差特别大或特别小时，应认真判断该误差是否属于粗大误差，如属粗大误差，该值应舍去不用。

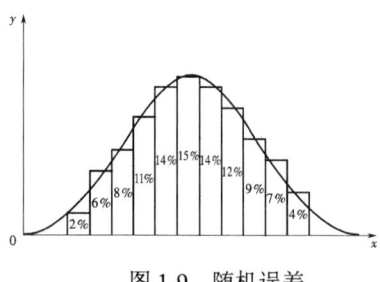

图 1-9　随机误差

3. 按误差是否随时间变化分类

（1）静态误差：是指被测量不随时间变化时所产生的误差。

（2）动态误差：是指被测量随时间变化时所产生的误差。即被测量随时间迅速变化时，系统的输出量在时间上不能与被测量的变化精确吻合。例如用水银温度计测量 100℃的液体温度，水银温度计不可能一下上升到 100℃，如果此时读取数据势必会产生误差，而该误差即为动态误差。

项目 1　电阻的测量

任务引入

如何能够测量出更为准确的数据？怎样才能判别使用哪个仪表测量更合适？测量时应尽量避免哪些引起误差的现象？

任务实施

任务一　电阻的测量

准备如下工具：
- 模拟万用表一块；
- 电阻三个（阻值分别为 120Ω，100kΩ，150kΩ）。

测量电阻，并填写表 1-2。

表 1-2　电阻测量值

测量值＼电阻				
读数值				
测量值 1				
测量值 2				
测量值 3				

可能出现的问题 1：

可能出现的问题 2：

可能出现的问题 3：

可能出现的问题 4：

可能出现的问题 5：

测量电阻属于哪种测量方法？

  静态测量 动态测量

  直接测量 间接测量

  模拟式测量 数字式测量

  接触式测量 非接触式测量

三个电阻的电阻率分别是多少？属于哪类测量？

任务二　误差的计算

  我们都知道，错误是可以避免的，但是误差是不可避免的，为了能够保证测量的准确性，需要掌握误差的计算方法。

  任务一中的模拟万用表（图 1-10），请求出它的满度相对误差。

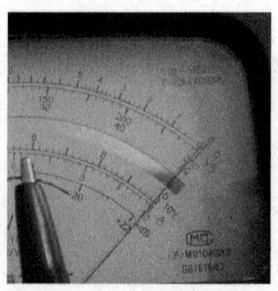

图 1-10　模拟万用表

参考表 1-2，请同学们谈谈自己测量的电阻属于哪种误差？

阅读材料

阿基米德是古希腊伟大的科学家和数学家。据说当时的国王希耶隆二世让工匠制造了一顶金王冠，但是，他总是怀疑工匠在王冠中掺了银。于是，他请阿基米德来鉴定，但是要求不能破坏皇冠。可怜的阿基米德，对着炫目的皇冠琢磨了半天，终于累了。于是，仆人放好了洗澡水让他去洗澡，当他泡进澡盆，看着溢出来的热水时。他忽然想到，物体即使有相同的重量，但材质不同时，体积便会不同，那么排出的水量也不一样。得到答案的阿基米德幸福地起身，跑到街上，一边跑一边喊道："我明白了！我明白了！"然后，他据此做了实验——只要把皇冠放在水里看排出的水量，然后和同等重量的金子排出的水量做比较即可。结果证明，皇冠的确是掺假了，制作皇冠的工匠也脑袋搬家。阿基米德因此获得嘉奖。

第二章 温度传感器

温度是表示物体冷热程度的物理量。它是日常生活、医学、工业生产及科研等各个领域广泛接触的物理量,它与国民经济发展关系十分密切。从能量角度,温度是描述了系统不同自由度间能量分配状况的物理量;从热平衡角度,温度是描述了热平衡系统的冷热程度的物理量;微观上来讲,温度反映物体分子热运动的剧烈程度。

一、温标

温度只能通过物体随温度变化的某些特性来间接测量,而用来衡量物体温度数值的标尺叫温标。它规定了温度的读数起点(零点)和测量温度的基本单位。常用的温标主要有摄氏温标和华氏温标。摄氏温标用 t 表示,单位为摄氏度(℃);华氏温标用 θ 表示,单位为华氏度(℉)。

国际实用的温标是热力学温标,热力学温标是建立在热力学第二定律基础上的最科学的温标,是由开尔文(Kelvin)(图 2-1)根据热力学定律提出来的,因此又称开氏温标,它的符号是 T,其单位是开尔文(K)。1K 定义为水的三相点温度(气、液、固三态同时存在且进入平衡状态时的温度)的 $\dfrac{1}{273.16}$。热力学温标和摄氏温标之间的关系是:

$$t/℃ = T/K - 273.16 \tag{2-1}$$

图 2-1 英国物理学家开尔文

二、温度传感器

测控温度的关键是温敏元件,即温度传感器。温度传感器一般是利用材料的热敏特性,实现由温度到电参量的转换。温度传感器可以分成接触式和非接触式两种。接触式是测温敏感元件直接与被测介质接触,使被测介质与测温敏感元件进行充分的热交换,使两者具有同一温度，达到测量的目的。非接触式是利用物质的热辐射原理，测温敏感元件不与被测介质接触，通过辐射和对流实现热交换。常用的温度传感器见表 2-1。

表 2-1 常用的温度传感器

测温方式		测温原理或敏感元件	温度传感器或测温仪表
接触式	体积变化	固体热膨胀	双金属温度计
		液体热膨胀	玻璃液体温度计、液体压力式温度计
		气体热膨胀	气体温度计、气体压力式温度计
	电阻变化	金属热电阻	铂、铜、铁电阻温度计
		半导体热敏电阻	碳、锗、金属氧化物等半导体温度计
	电压变化	PN 结电压	PN 结数字温度计
	热电动势变化	廉价金属热电偶	镍镉-镍硅热电偶、铜-康铜热电偶等
		贵重金属热电偶	铂铑$_{10}$-铂热电偶、铂铑$_{30}$-铂$_6$热电偶等
		难熔金属热电偶	钨铼系列热电偶、钨钼系列热电偶等
		非金属热电偶	碳化物-硼化物热电偶等
	频率变化	石英晶体	石英晶体温度计
	其他	其他	光纤温度传感器、声学温度计等
非接触式	热辐射能量变化	比色法	比色高温计
		全辐射法	辐射感温式温度计
		亮度法	目视亮度高温计、光电亮度高温计等
		其他	红外温度计、火焰温度计、光谱温度计等

（一）热电阻（thermal resistor；hot resistance）

金属的电阻值具有随着温度的升高而增大的性质，即具有所谓的正的电阻温度系数。热电阻是中低温区最常用的一种温度检测器，型号为 MZ。这种传感器的温度敏感元件是电阻体，由金属导体构成，其特点是温度升高时阻值增大，温度减小时阻值减小。对于大多数金属导体其电阻随温度变化的关系为

$$R_t = R_0 1 + \alpha_1 t + \alpha_2 t^2 + \cdots + \alpha_n t^n \tag{2-2}$$

式中，R_t——温度为 t℃时的电阻值；

R_0——温度为 0℃时的电阻值；

$\alpha_1, \alpha_2, \cdots, \alpha_n$——由材料和制造工艺所决定的系数。

在式（2-2）中，最终取几项，由材料、测温精度的要求所决定。金属导体的电阻随温度的升高而增大，可通过测量电阻值的大小得到所测温度值。通过测量电阻值而获得温度的一般方法是电桥测量法。电桥测量法有平衡电桥法和不平衡电桥法。

当前工业测温广泛使用铂电阻、铜电阻和镍电阻等。

> 热电偶是电压输出型温度传感器，而热电阻是电阻值变化型温度传感器。因此，热电阻与热电偶相比它需要有一个将电阻值变化转换为电压的驱动电路，而不需要进行热电偶电路中不可缺少的冷端补偿。

1. 铂热电阻

用铂制作的测温电阻叫做铂热电阻（铂电阻）。铂电阻具有稳定性好、抗氧化能力强、测温精度高等特点，所以在温度传感器中得到了广泛应用。铂电阻的应用范围为-200～850℃。

在-200～0℃范围内，铂电阻的电阻—温度特性方程是

$$R_t = R_0[1 + \alpha_1 t + \alpha_2 t^2 + \alpha_3 t^3(t-100)] \tag{2-3}$$

在0～850℃范围内，铂电阻的电阻—温度特性方程是

$$R_t = R_0(1 + \alpha_1 t + \alpha_2 t^2) \tag{2-4}$$

式中，$\alpha_1 = 3.96847 \times 10^{-3}/℃$；$\alpha_2 = -5.847 \times 10^{-7}/℃^2$；$\alpha_3 = -4.22 \times 10^{-12}/℃^4$。

由式（2-3）、式（2-4）可以看出，由于初始值 R_0 不同，即使被测温度 t 为同一值，所得电阻 R_t 值也不同。我国规定工业用铂电阻有 $R_0=10\Omega$ 和 $R_0=100\Omega$ 两种，它们的分度号分别为 Pt_{10} 和 Pt_{100}，其中 $R_0=10\Omega$ 的铂电阻的感温原件是用较粗的铂丝绕制而成，耐温性能明显优于 $R_0=100\Omega$ 的铂电阻，主要用于 650℃ 以上的测温区，而 $R_0=100\Omega$ 的铂电阻主要用于 650℃ 以下的测温区，相对来说 Pt_{100} 更常用。知道了初始电阻的大小，通过查找铂热电阻的分度表就可以知道在当前温度下电阻的大小。如表 2-2 所示为 Pt_{100} 热电阻的分度表（温度截取范围为-110～270℃）。

表 2-2 Pt_{100} 型热电阻分度表

℃	0	1	2	3	4	5	6	7	8	9	10
-100	60.25	59.85	59.44	59.04	58.63	58.22	57.82	57.41	57.00	56.60	56.19
-90	64.30	63.90	63.49	63.09	62.68	62.28	61.87	61.47	61.06	60.66	60.25
-80	68.33	67.92	67.52	67.12	66.72	66.31	65.91	65.51	65.11	64.70	64.30
-70	72.33	71.93	71.53	71.13	70.73	70.33	69.93	69.53	69.13	68.73	68.33
-60	76.33	75.93	75.53	75.13	74.73	74.33	73.93	73.53	73.13	72.73	72.33
-50	80.31	79.91	79.51	79.11	78.72	78.32	77.92	77.52	77.13	76.73	76.33
-40	84.27	83.88	83.48	83.08	82.69	82.29	81.89	81.50	81.10	80.70	80.31
-30	88.22	87.83	87.43	87.04	86.64	86.25	85.85	85.46	85.06	84.67	84.27
-20	92.16	91.77	91.37	90.93	90.59	90.19	89.80	89.40	89.01	88.62	88.22
-10	96.09	95.69	95.30	94.91	94.52	94.12	93.73	93.34	92.95	92.55	92.16
0	100.00	100.39	100.78	101.17	101.56	101.95	102.34	102.73	103.12	103.51	103.90
10	103.90	104.29	104.68	105.07	105.46	105.85	106.24	106.63	107.02	107.40	107.79
20	107.79	108.18	108.75	108.96	109.35	109.73	110.12	110.51	110.90	111.28	111.67
30	111.67	112.06	112.45	112.83	113.22	113.61	114.99	114.38	114.77	115.15	115.54
40	115.54	115.93	116.31	116.70	117.08	117.47	117.85	118.24	118.62	119.01	119.40
50	119.40	119.78	120.16	120.55	120.93	121.32	121.70	122.09	122.47	122.86	123.24
60	123.24	123.62	124.01	124.39	124.77	125.16	125.54	125.92	126.31	126.69	127.07
70	127.07	127.45	127.84	128.22	128.60	128.98	129.37	129.75	130.13	130.51	130.89
80	130.89	131.27	131.66	132.04	132.42	132.80	133.18	133.56	133.94	134.32	134.70
90	134.70	135.08	135.46	135.84	136.22	136.60	136.98	137.36	137.74	138.12	138.50

续表

℃	0	1	2	3	4	5	6	7	8	9	10
100	138.50	138.88	139.26	139.64	140.02	140.39	140.77	141.15	141.53	141.91	142.29
110	142.29	142.66	143.04	143.42	143.80	144.17	144.55	144.93	145.31	145.68	146.06
120	146.06	146.44	146.81	147.19	147.57	147.94	148.32	148.70	149.07	149.45	149.82
130	149.82	150.20	150.57	150.95	151.33	151.70	152.08	152.45	152.83	153.20	153.58
140	153.58	153.95	154.32	154.70	155.07	155.45	155.82	156.19	156.57	156.94	157.31
150	157.31	157.69	158.06	158.43	158.81	159.18	159.55	159.93	160.30	160.67	161.04
160	161.04	161.42	161.79	162.16	162.53	162.90	163.27	163.65	164.02	164.39	164.76
170	164.76	165.13	165.50	165.87	166.24	166.61	166.98	167.35	167.72	168.09	168.46
180	168.46	168.83	169.20	169.57	169.94	170.31	170.68	171.05	171.42	171.79	172.16
190	172.16	172.53	172.90	173.26	173.63	174.00	174.37	174.74	175.10	175.47	175.84
200	175.84	176.21	176.57	176.94	177.31	177.68	178.04	178.41	178.78	179.14	179.51
210	179.51	179.88	180.24	180.61	180.97	181.34	181.71	182.07	182.44	182.80	183.17
220	183.17	183.53	183.90	184.26	184.63	184.99	185.36	185.72	186.09	186.45	186.82
230	186.32	187.18	187.54	187.91	188.27	188.63	189.00	189.36	189.72	190.09	190.45
240	190.45	190.81	191.18	191.54	191.90	192.26	192.63	192.99	193.35	193.71	194.07
250	194.07	194.44	194.80	195.16	195.52	195.88	196.24	196.60	196.96	197.33	197.69
260	197.69	198.05	198.41	198.77	199.13	199.49	199.85	200.21	200.57	200.93	201.29

从材质分，铂电阻可分为云母型、陶瓷封装型和玻璃封装型。云母型的铂电阻结构牢固、使用方便，在工业上获得了广泛的应用。陶瓷封装型铂电阻是将制作成螺旋形的高纯度铂电阻丝装入氧化铝陶瓷外壳中，其底部用耐热玻璃料固定起来而构成的，由于可以减少铂电阻丝承受的热应力，由此它可以一直使用到高温，电阻值的误差还小，重复性与长期稳定性都很好。玻璃封装型铂电阻是将铂电阻丝绕制在特殊的玻璃体上，调整好0℃时的电阻值后，再将其封入特殊的玻璃管中构成的，其热响应速度快，绝缘性能、耐水性能、耐气性能都非常好。

铂电阻通常装入保护管中使用，保护管一般都由金属制成。图2-2为带有金属保护管的铂电阻。

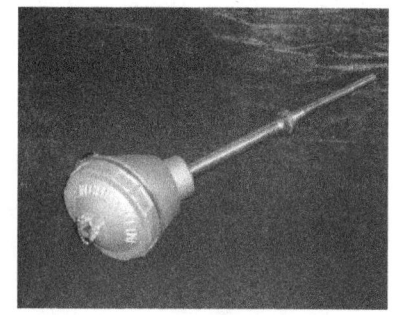

图2-2 带有金属保护管的铂电阻

2. 铜热电阻

用铜制作的测温电阻叫做铜热电阻（铜电阻）。相对于铂来说铜价格低廉，因此在精度要求不高的场合和测温范围较小时，普遍使用铜电阻。铜电阻的应用范围为-50~150℃，铜电阻的电阻—温度特性是近似的线性关系，即

$$R_t = R_0(1 + \alpha_1 t + \alpha_2 t^2 + \alpha_3 t^3)$$ （2-5）

式中，$\alpha_1 = 4.28899 \times 10^{-3}/℃$；$\alpha_2 = -2.133 \times 10^{-7}/℃^2$；$\alpha_3 = -1.233 \times 10^{-9}/℃^4$。

由于 α_2、α_3 比 α_1 小得多，所以可以简化为

$$R_t \approx R_0(1+\alpha_1 t) \qquad (2\text{-}6)$$

铜电阻的 R_0 分度号为 C_{u50} 表示 $R_0=50\Omega$，C_{u100} 表示 $R_0=100\Omega$。由于铜的电阻率比铂小，而且在空气中容易被氧化，故不适宜在高温和腐蚀性介质下工作。

热电阻温度传感器在工业中的应用十分广泛，例如在啤酒加工过程中对温度的控制十分严格，其生产工艺主要包括糖化、发酵以及过滤分装三个环节，掌握好啤酒发酵过程中的发酵温度，控制好温度的升降速率是决定啤酒生产质量的核心因素。在啤酒加工过程中就可以依靠热电阻完成整个温度控制，如图2-3、图2-4所示。

图2-3　啤酒糖化锅

图2-4　200L啤酒发酵罐

此外，还有镍电阻、铟电阻和锰电阻。这些电阻各有其特点：铟电阻是一种高精度低温热电阻；锰电阻阻值随温度变化大，可在275～336℃温度范围内使用，但质脆易损坏；镍电阻灵敏度较高，但热稳定性较差。

（二）热敏电阻（thermistor；thermistance；senistor）

热敏电阻是对温度敏感的电阻器的总称，型号为MZ、MF。它是一种对温度反应较敏感、阻值随温度的变化而变化的非线性电阻器，它在电路中通常用文字符号"RT"或"R"表示。大部分半导体热敏电阻是由各种氧化物按一定比例混合，经高温烧结而成的。根据电阻温度系数与温度变化的规律通常可分为3种类型：正温度系数热敏电阻（PTC）、负温度系数热敏电阻（NTC）以及在某一特定温度下电阻值会发生突变的临界温度系数热敏电阻（CTR）。

1. 种类及特性

负温度系数热敏电阻（NTC）：负温度系数热敏电阻大多是由锰、镍、钴、铁、铜等金属的氧化物经过烧结而成的半导体材料制成的，因为它具有良好的性能，所以被大量作为温度传感器使用。通常所说的热敏电阻器指的就是这种负温度系数的热敏电阻器。其特性是，温度越高，其阻值越小；温度越低，其阻值越高，呈现负温度系数的特性。

正温度系数热敏电阻（PTC）：正温度系数热敏电阻通常是在钛酸钡陶瓷中加入施主杂质烧结而成的。其特性是，温度越高，其阻值越大；温度越低，其阻值越小，呈现正温度系数的特性。

临界温度系数热敏电阻（CTR）：临界温度系数热敏电阻是一种具有开关特性的热敏电阻，

其特性是当达到某一临界温度时，其阻值发生急剧转变。利用这种特性可以制成无触点开关，分为正突变型和负突变型两种类型。正突变型特性是：温度上升时，电阻缓慢变化，当温度升高到某一温度时，电阻突然增大，相当于开关的"开"状态。负突变型特性是：温度上升时，电阻缓慢变化，当温度升高到某一温度时，电阻突然减小，相当于开关的"关"状态。

除此之外，根据热敏电阻的结构可以分成珠型、二极管型和圆片型。珠型和二极管型热敏电阻器因为封装在玻璃里面，所以即使在超过 300℃ 的温度下也可使用。而圆片型的热敏电阻一般都是通过树脂模压封装而成的，其使用温度上限和普通半导体材料一样只有 100℃，虽然温度偏低但是价格便宜，适用于工业化生产。如图 2-5～图 2-10 所示为不同类型的热敏电阻。

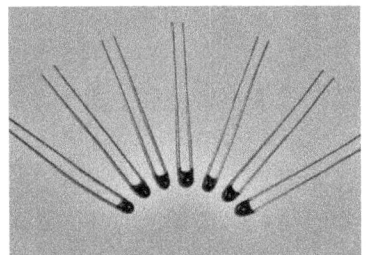

图 2-5 珠型热敏传感器

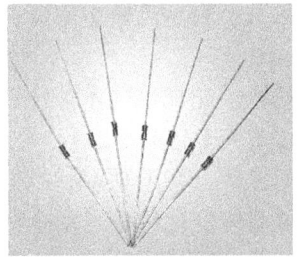

图 2-6 二极管型热敏传感器

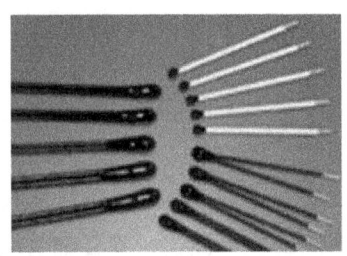

图 2-7 高精度热敏电阻

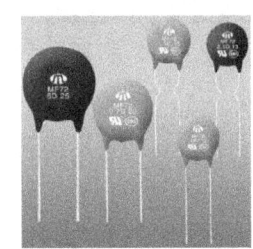

图 2-8 圆片型热敏传感器

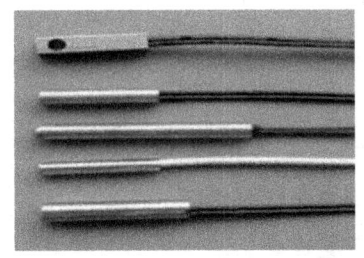

图 2-9 负温度系数热敏电阻

图 2-10 贴片式热敏电阻

2．电阻—温度特性呈线性变化的热敏电阻器

前面所提及的热敏电阻器的电阻值变化与温度的特性不是线性关系。但是，通过对热敏电阻器增加串联电阻或并联电阻的方法可以实现线性化，只是其灵敏度会有所下降。图 2-11 所示为医用传感器中的热敏电阻，这都是线性热敏电阻器制作的产品。

图 2-11 医用传感器中的热敏电阻器

3. 热敏电阻的主要参数

（1）标称电阻：一般指环境温度为 25℃时热敏电阻的实际阻值，也称常温阻值。

（2）温度系数：表示热敏电阻器在零功率条件下，其温度每变化 1℃所引起电阻值的相对变化量。

（3）额定功率：在规定技术条件下，热敏电阻在长期连续负载下所允许的耗散功率。实际使用时不得超过其额定功率。

（4）热时间常数：在无功率状态下，当外界环境温度由一个特定温度向另一个特定温度改变时，元器件温度变化达到这两个特定温度之差的 63.2%所需的时间。通常将这个特定温度分别选为 85℃和 25℃或者 100℃和 0℃。时间常数越小，表明热敏电阻的热惯性越小。

项目 2　温度报警电路

任务引入

温度是一个与日常生活密切相关的物理量，也是一种在生产、科研、生活中需要测量和控制的重要物理量，自然界中的一切过程都与温度密切相关。测量温度的传感器很多，常用的有热电偶、热电阻、热敏电阻等。例如居家使用的智能电饭锅、红外辐射温度计等，其功能的实现依靠的都是温度传感器，如图 2-12 所示为家庭常用的智能家电，它们的功能中都含有温控功能。本项目中，我们利用热敏电阻温度传感器制作一个温度报警电路，该电路可以应用于奶瓶温度报警或给鱼缸加热（热带鱼过冬需控制水温）报警等。

（a）智能冰箱

（b）智能洗衣机

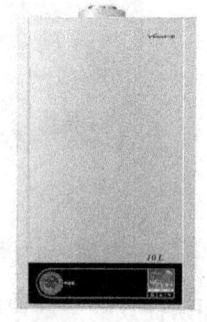
（c）智能热水器

图 2-12 含有温控功能的家用电器

原理分析

温度报警电路如图 2-13 所示，该电路中主要应用的传感器为热敏电阻。当外界温度降低时，NTC 阻值会随着温度的降低而升高，此时，A 点电位升高，三极管导通，发光二极管 LED 发光，提醒用户温度降低需要加热。如果想制作一个自动加热的电路，可以将 LED 换成光耦，通过光耦驱动后面电路，感兴趣的读者可以自己设计后续电路。

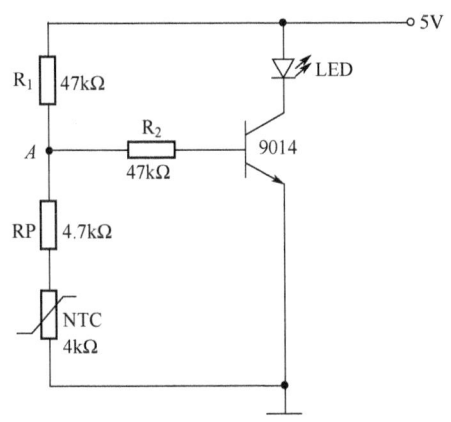

图 2-13 温度报警电路原理图

任务实施

1. 准备阶段

制作温度报警电路所需的元件清单见表 2-3，本电路的核心元件是热敏电阻 NTC。散件元器件如图 2-14 所示。

表 2-3 温度报警电路元器件清单

元器件		说 明
热敏电阻（NTC）		4kΩ
可调电阻		4.7kΩ
电阻	R_1	47kΩ
	R_2	47kΩ
LED		$\phi 3$ 或 $\phi 5$
三极管		9014

2. 制作步骤

（1）热敏电阻 NTC 元器件性能测试。

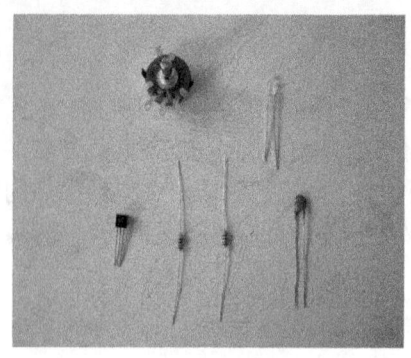

图 2-14　温度报警电路主要元器件

热敏电阻的特点是电阻值随温度的变化而变化，本电路采用的是负温度系数热敏电阻，其特点是电阻值随温度的升高而降低。根据热敏电阻的特点，应用万用表测量元器件性能的方法与测量普通固定电阻的方法相同，采用 R×1kΩ 挡，红、黑表笔分别接热敏电阻两端直接测量。当热敏电阻两端温度升高时，其阻值下降；当温度下降时，阻值增大，说明热敏性能良好，否则热敏电阻性能不好。给热敏电阻加热时，可采用 20W 左右的小功率电烙铁，但要注意不要直接用烙铁头去接触热敏电阻或靠得太近，以防损坏热敏电阻。

（2）其余元器件性能的测量。

在电路中还应用了三极管 9014 和发光二极管 LED，其性能的测量方法此处省略。

（3）调色电路布局设计。实物布局图如图 2-15 所示，供读者参考。

图 2-15　实物布局图

（4）元器件焊接。

元器件在焊接上注意要合理布局，先焊小元件，后焊大元件，防止小元件插接后掉下来的现象发生。

（5）焊接完成后先自查，后请教师检查。如有问题，修改完毕，再请教师检查。

（6）通电并调试电路。

本电路是温度报警电路，特点是当温度降低时发光二极管 LED 点亮给用户报警。制作调试中由于室温的温度较低，所以当电路接上电源，发光二极管 LED 灯点亮，发出警报。如果电路制作正确，在热敏电阻两端持续加热，当温度达到一定热度时，LED 灯熄灭，提示温度较高。在调试过程中可能出现的常见问题：①如果电路中 LED 灯不亮，主要原因可能是极性连接错误，读者需仔细连接。②三极管发热，主要原因可能是管脚接错。本电路结构简单，无须过多调试即可完成电路功能。

3. 制作注意事项

（1）对热敏电阻加热时，不要直接用烙铁头去接触热敏电阻或靠得太近，以防损坏热敏电阻。

（2）热敏电阻在加热的情况下调节电位器使之能够完成功能。

4. 完成实训报告

该电路是一个当温度降低时报警的电路，如想制作一个当温度升高时报警的电路该做怎样的调整呢？

阅读材料

电子温度计和水银温度计哪个更准确？

水银温度计是利用汞的热膨胀正比于温度的原理来工作的。汞是很稳定的，密闭在温度计内，它的热膨胀系数是恒定的。电子温度计是利用热传感器产生的热电动势来判别温度高低的。由于热传感器存在零点漂移的问题和冷端补偿的问题，所以等级不高的电子温度计的准确度要稍差些。电子温度计是用水银温度计来检定校准的，因此当然是水银温度计准确些。但是由于水银温度计在实际使用中容易破损，会对家人、病人产生危险，所以电子体温计更为安全。如果读者有兴趣的话，可以自己仔细阅读电子体温计的产品说明书，在说明书中会明确说明电子体温计的测温精度，如图 2-16 所示。

规 格	
产 品 名 称	电子体温计
型 号	MC-341
电 源	DC1.5V±0.05V(碱性纽扣电池LR41x1个)
探 测 器	热敏电阻
测 量 方 法	实测
温 度 显 示	3位数字显示，精确到0.1℃
测 量 精 度	±0.1℃(32.0℃~42.0℃)（在标准室温23℃，恒温水槽中进行测量时）
测 量 范 围	32.0℃~42.0℃
运行大气压力	700hPa~1060hPa
运输和保存大气压力	500hPa~1060hPa
使用温湿度	+5℃~+40℃ ≤85%RH
运输和保存温湿度	-20℃~+60℃ 10%RH~95%RH
本 体 重 量	约11g（含电池）
外 型 尺 寸	19.4mm(宽)X132.5mm(长)X10.0mm(高)
附 件	试用电池(碱性纽扣电池LR41x1个)、收纳盒、顾客服务一览表、合格证、说明书（附欧姆龙产品保证书）

图 2-16 电子体温计说明书

项目3　多点温度声光报警电路

ᘳ 任务引入

随着社会的进步和工业技术的发展，人们越来越重视温度因素，许多产品对温度范围有严格的要求，而目前市场上普遍存在的温度检测仪器大都是单点测量，同时有温度信息传递不及时、精度不够等缺点，不利于工业控制者根据温度变化及时做出决定。在这样的形势下，开发一种能够同时测量多点，并且实时性高、精度高，能够综合处理多点温度信息的测量系统就很有必要。在日常生活中有很多场合都需要进行多点温度的测量或监测，例如智能多点平均温度计适用于生产现场存在不显著的温度梯度的情况，可同时测量多个位置或同一位置多处的温度平均值，自动判断液体位置，并输出液体内温度探头的平均值。如选用进口测温芯片，效果更好。智能多点温度计广泛应用于大化肥合成塔、存储罐、原油罐、化工罐等装置中，其测温准确反映出罐内的平均温度，可更好地配合加热系统工作，节约能源。如图2-17所示为数字式多点温度计。本次课我们利用热敏电阻温度传感器制作一个多点温度报警电路，该电路可以应用于多处液体、固体温度的测量、监测报警等。

图2-17　数字式多点温度计

ᘳ 原理分析

多点温度声光报警电路主要由温度检测电路和多谐振荡电路两部分构成，如图2-18所示。其中，集成运算放大器LM139和热敏电阻组成温度检测电路；时基电路NE555和外围元件组成多谐振荡电路。工作时LM339集成运算放大器U1A～U1D接成电压比较器电路，D_9～D_{12}构成或门电路。电路的核心元件为负温度系数热敏电阻Rt_1～Rt_4，它们作为多点温度检测的敏感元件。在正常温度下，U1A～U1D的输出均为低电平，发光二极管D_1～D_4发光，D_5～D_8熄灭，二极管1N4148（电路中D_9～D_{12}）处于截止状态，输出低电平，使多谐振荡电路中NE555复位引脚4被强行复位，振荡器处于不工作状态，喇叭不报警。

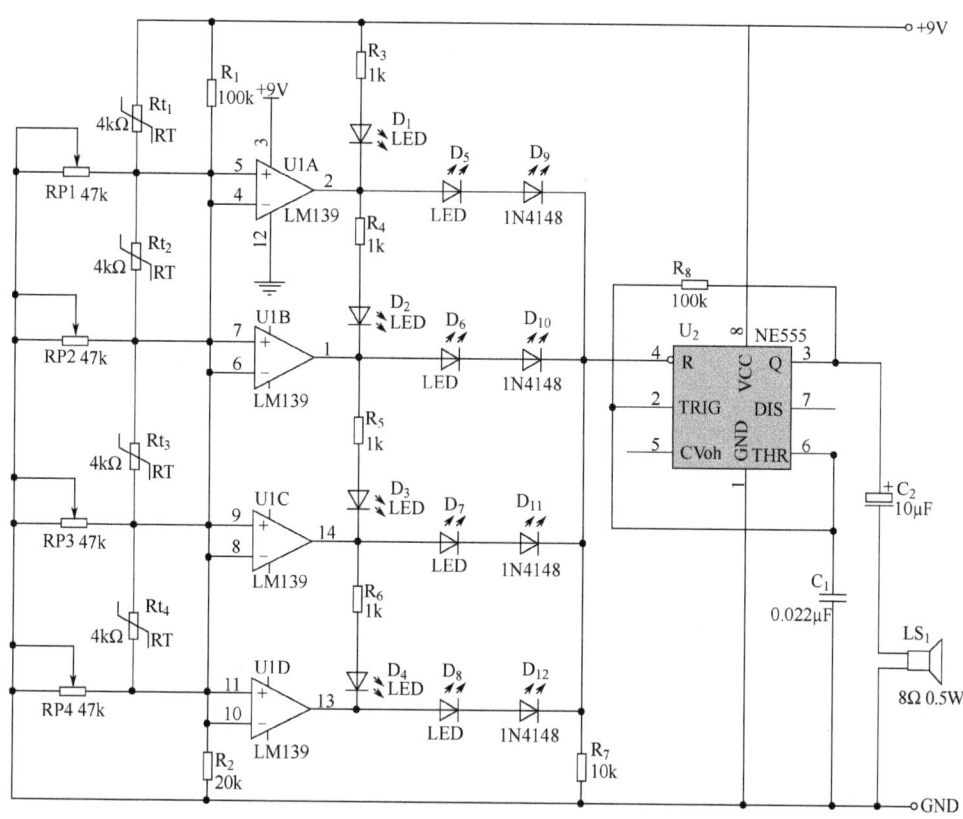

图 2-18 多点温度声光报警电路原理图

任务实施

1. 准备阶段

制作多点温度报警电路所需的元件清单见表 2-4。本电路温度检测的核心元件是热敏电阻 NTC 和集成块 LM139，如图 2-19 所示。本电路声音报警电路的核心元件是集成块 555，散件元器件如图 2-20 所示。

表 2-4 温度报警电路元器件清单

元 器 件		说 明	元 器 件		说 明
热敏电阻（NTC）	$Rt_1 \sim Rt_4$	$4k\Omega$	LED	$D_1 \sim D_4$	$\phi 3$ 或 $\phi 5$（绿）
				$D_5 \sim D_8$	$\phi 3$ 或 $\phi 5$（红）
集成块	U_1	LM139	集成块	U_2	555
电阻	R_1、R_8	$100k\Omega$	电位器	$RP_1 \sim RP_4$	$47k\Omega$
	R_2	$20k\Omega$	蜂鸣器	LS_1	
	$R_3 \sim R_6$	$1k\Omega$	电容	C_1	$0.022\mu F$
	R_7	$10k\Omega$	电解电容	C_2	$10\mu F$

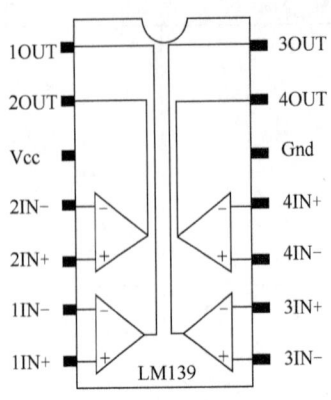

图 2-19 集成块 LM139

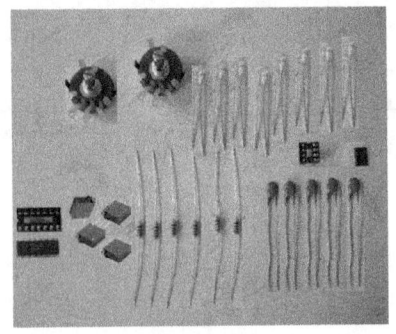

图 2-20 多点温度报警电路主要元件

2．制作步骤

（1）热敏电阻 NTC 元器件性能测试。

热敏电阻的特点是电阻值随温度的变化而变化。本电路采用的是负温度系数热敏电阻，其特点是电阻值随温度的升高而降低。对热敏电阻的检测见项目训练 2 温度报警电路。

（2）其余元器件性能的测量。

在本电路中应用了集成块 LM139 和 555，在使用中根据电路图的连接方式正常连接就可以，其中 LM139 可以用 LM239、LM339 替代，它是一个四电压比较器集成电路。集成块 555 的使用方法可参考气敏传感器中的项目 12 瓦斯报警器。

（3）调色电路布局设计。本项目可设计成最多 4 部分的温度检测，实物布局图如图 2-21 和图 2-22 所示，供读者参考。

图 2-21 二点温度检测实物布局图

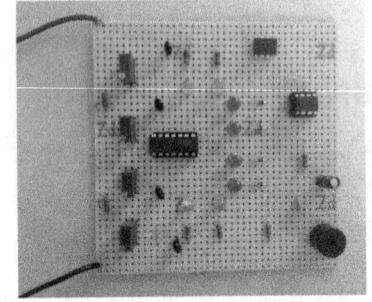

图 2-22 四点温度检测实物布局图

（4）元器件焊接。

在焊接元器件时要注意：合理布局，先焊小元件，后焊大元件，防止小元件插接后掉下来的现象发生。

（5）焊接完成后先自查，后请教师检查。如有问题，修改完毕，再请教师检查。

（6）通电并调试电路。

本电路为多点温度报警电路，温度检测部件是热敏电阻 $Rt_1 \sim Rt_4$，对应的温度正常时为绿色发光二极管即 $D_1 \sim D_4$，对应的温度报警时为红色发光二极管即 $D_5 \sim D_8$。当某一路热敏电阻检测温度超高时，例如 Rt_1 的温度超过额定上限值时，负温度系数热敏电阻阻值减小使比较器 U1A 输出高电平，发光二极管 D_1 熄灭，D_5 发光，二极管 D_9 处于导通状态，输出高电平，使多谐振荡电路中 NE555 复位引脚 4 变为高电平，振荡器起振，蜂鸣器报警，提醒人们温度较高并采取相应的措施，防止事故发生。同时，根据 $D_5 \sim D_8$ 点亮的情况就可以判断出哪部分温度较高，从而实现多点温度声光报警。在调试过程中可能出现以下常见问题：

① 如果电路中 LED 灯不亮，主要原因可能是集成块 LM139 电源端及地端没有连接，读者需仔细连接。

② 声音报警电路不报警，可能是集成块安装错误或者电源或地端没有连接。本电路结构比较复杂，建议在制作过程中，先做温度检测部分，连接无误后再制作声音报警电路。

3．制作注意事项

（1）对热敏电阻加热时，不要直接用烙铁头去接触热敏电阻或靠得太近，以防损坏热敏电阻。

（2）安装集成块时应先焊接集成块座，调试时再安装集成块。

4．完成实训报告

思考题

该电路应用的是热敏电阻 NTC 进行温度检测，如果使用热敏电阻 PTC 类型，这个电路应该怎样改进？

阅读材料

一般的负温度系数热敏电阻 NTC 的测温范围为-50～+300℃。热敏电阻具有体积小、重量轻、热惯性小、工作寿命长、价格便宜，并且本身阻值大，不需要考虑引线长度带来的误差，适用于远距离传输等优点。但热敏电阻也有非线性大、稳定性差、有老化现象、误差较大、一致性差等缺点。因此，热敏电阻一般只适用于低精度的温度测量。

2012 年 11 月，日本三菱材料公司开发出了可将温度检测上限从 250℃提高至 500℃的新型热敏电阻材料。据悉，将其用于柴油发动机的 EGR（尾气再循环）温度传感器时，可将传感器设置在比原来更上游的位置，自由选择检测部位，同时也可提高控制的精确度，而且还有望向燃料电池等非汽车高温用途拓展。

（三）热电偶

1．热电偶的基本知识

（1）热电效应

在工业测温中被广泛使用的就是热电偶传感器，如电站测温、石油化工企业自动控制系统测温；在便携式测温仪表或袖珍式数字万用表中热电偶也被作为测温探头使用。热电偶式温度传感器属于接触式热电动势型传感器，它的工作原理是基于热电效应。两种不同的导体（或半导体）A 和 B 组成一个闭合电路，如果它们两个接点的温度不同，则在回路中产生电动势,并有电流通过,这种把热能转换成电能的现象称为热电效应。产生的电动势称为热电动势,A、B 两导体称为热电极,T 端称为测量端或工作端或热端,T_0 端称为参考端或参比端或冷端,温差越大,产生的热电动势也越大,热电偶的图形符号如图 2-23 所示。

(2) 热电动势

热电动势由接触电动势和温差电动势两部分组成,如图 2-24 所示。接触电动势是由于两种不同材料导体的自由电子密度不同而在接触处形成的电动势。当两种不同金属材料接触在一起时,由于各自的自由电子密度不同,使各自的自由电子透过接触面相互向对方扩散,电子密度大的材料由于失去的电子多于获得的电子,而在接触面附近积累正电荷,电子密度小的材料由于获得的电子多于失去的电子,而在接触面附近积累负电荷,因此在接触面处很快形成一静电性稳定的电位差 E_{AB},其值不仅与材料性质有关,而且还与温度有关。

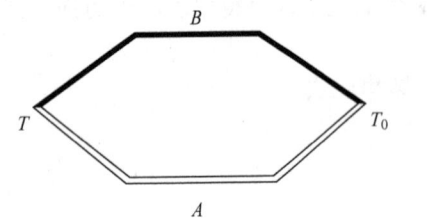

图 2-23 热电偶

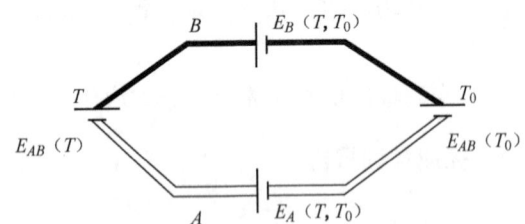

图 2-24 热电偶回路总热电动势

温差电动势是在同一根导体中由于两端温度不同而产生的电动势。同一根导体中,高温端的电子能量比低温端大,则高温端容易失去电子带正电,低温端得到电子带负电,因此会在导体薄层的界面上形成电位差。

在总电动势中,温差电动势比接触电动势小很多,可忽略不计。因此,总电动势为:

$$E_{AB}(T,T_0) = E_{AB}(T) + E_B(T,T_0) - E_{AB}(T_0) - E_A(T,T_0) \tag{2-7}$$

即:$E_{AB}(T,T_0) = E_{AB}(T) - E_{AB}(T_0)$

式中 $E_{AB}(T,T_0)$——热电偶电路中的总电动势;

$E_{AB}(T)$——热端接触电动势;

$E_B(T,T_0)$——B 导体的温差电动势;

$E_{AB}(T_0)$——冷端接触电动势;

$E_A(T,T_0)$——A 导体的温差电动势。

(3) 热电偶基本定律

① 均质导体定律

由又一种导体(或半导体)组成的闭合回路,不论其截面、长度如何以及各处的温度如何分布,都不会产生热电动势。

② 中间导体定律(第三导体定律)

在热电偶回路中,接入中间导体(第三导体),只要中间导体两端温度相同,则热电偶所产生的热电动势保持不变。即:

$$E_{ABC}(T,T_0) = E_{AB}(T) - E_{AB}(T_0) = E_{AB}(T,T_0) \tag{2-8}$$

中间导体定律,是热电偶实际测温应用中,采用热端焊接,冷端经连接导线与显示仪表连接构成测温系统的依据。

③ 中间温度定律

热电偶回路中，两接点温度为 T 和 T_0 的热电动势，等于热电偶在温度为 T、T_n 时的热电势与在温度为 T_n、T_0 时的热电势的代数和。其中 T_n 称为中间温度，即：

$$E_{AB}(T,T_0) = E_{AB}(T, T_n) + E_{AB}(T_n, T_0) \qquad (2\text{-}9)$$

若已知冷端温度为 $T_0=0℃$ 时的热电动势和温度的关系，就可以求出任意中间温度。

$$E_{AB}(T,0℃) = E_{AB}(T, T_n) + E_{AB}(T_n, 0℃) \qquad (2\text{-}10)$$

2. 常用热电偶

通常适于做热电偶的材料有300多种。到目前为止，国际电工委员会已经将其中8种材料制成热电偶作为标准热电偶，表2-5即为8种常用的热电偶及其特性（括号内为旧的分度号）。

表2-5 常用热电偶

名称	型号	分度号	测温范围/℃	100℃时热电动势/mV	特点
铂铑$_{30}$-铂铑$_6$	WRR	B（LL-2）	0～1800	0.033	使用温度高，范围广，性能稳定，精度高；易在氧化和中性介质中使用；但价格贵，热电动势小，灵敏度低
铂铑$_{10}$-铂	WRP	S（LB-3）	-50～1768	0.645	使用温度范围广，性能稳定，精度高；复现性好，热电动势小，高温下铑易升华，污染铂极，价格贵，用于较精密的测温中
铂铑$_{12}$-铂	-	R（PR）	-50～1768	0.647	精度高、使用上限高、性能稳定，复现性好；但热电动势较小，不能在金属蒸气和还原性气体中使用，在高温下连续使用热性会逐渐变坏，价格昂贵；多用于精密测量
镍铬-镍硅	WRN	K（EU-2）	-200～1300	4.095	热电动势小，线性好，价廉，但材质较脆，焊接性能及抗辐射性能较差。
镍铬-镍硅	-	N	-270～1370	2.774	是一种新型热电偶，各项性能比K热电偶更好，适宜于工业测量
镍铬-镍硅（康铜）	WRK	E（EA-2）	-270～800	6.319	热电动势比K热电偶大50%左右，线性好，耐高湿度，价廉；但不能用于还原性气体
铁-铜硅（康铜）	-	J（JC）	-270～760	5.269	价格低廉，在还原性气体中较稳定；但纯铁易被腐蚀和氧化
铜-铜硅（康铜）	WRC	T（CK）	-270～400	4.279	价廉，加工性能好，离散性小，性能稳定，线性好，精度高；铜在高温时易被氧化，多用于低温域测量，可做-200～0℃温域的计量标准

为了正确地掌握数值，编制了针对各种热电偶热电动势与温度的对照表，称为"分度表"。

例如镍铬-镍硅热电偶（K 型）的分度表见表 2-6，表中只选取了 K 型热电偶-29～439℃温度段的分度表，参考端为 0℃。

表 2-6 镍铬-镍硅热电偶（K 型）分度表

T	0	1	2	3	4	5	6	7	8	9
	热电动势/mV										
-20	-0.778	-0.816	-0.854	-0.892	-0.93	-0.968	-1.006	-1.043	-1.081	-1.119
-10	-0.392	-0.431	-0.47	-0.508	-0.547	-0.586	-0.624	-0.663	-0.701	-0.739
-0	0	-0.039	-0.079	-0.118	-0.157	-0.197	-0.236	-0.275	-0.314	-0.353
0	0	0.039	0.079	0.119	0.158	0.198	0.238	0.277	0.317	0.357
10	0.397	0.437	0.477	0.517	0.557	0.597	0.637	0.677	0.718	0.758
20	0.798	0.838	0.879	0.919	0.96	1	1.041	1.081	1.122	1.136
30	1.203	1.244	1.285	1.326	1.366	1.407	1.448	1.489	1.53	1.571
40	1.612	1.653	1.694	1.735	1.776	1.817	1.858	1.899	1.941	1.982
50	2.023	2.064	2.106	2.147	2.188	2.23	2.271	2.312	2.354	2.395
60	2.436	2.478	2.519	2.561	2.602	2.644	2.685	2.727	2.768	2.81
70	2.851	2.893	2.934	2.976	3.017	3.059	3.1	3.142	3.184	3.225
80	3.267	3.308	3.35	3.391	3.433	3.474	3.516	3.557	3.599	3.64
90	3.682	3.723	3.765	3.806	3.848	3.889	3.931	3.972	4.013	4.055
100	4.096	4.138	4.179	4.22	4.262	4.303	4.344	4.385	4.427	4.468
110	4.509	4.55	4.591	4.633	4.674	4.715	4.756	4.797	4.838	4.879
120	4.92	4.961	5.002	5.043	5.084	5.124	5.165	5.206	5.247	5.288
130	5.328	5.369	5.41	5.45	5.491	5.532	5.572	5.613	5.653	5.694
140	5.735	5.775	5.815	5.856	5.896	5.937	5.977	6.017	6.058	6.098
150	6.138	6.179	6.219	6.259	6.299	6.339	6.38	6.42	6.46	6.5
160	6.54	6.58	6.62	6.66	6.701	6.741	6.781	6.821	6.861	6.901
170	6.941	6.981	7.021	7.06	7.1	7.14	7.18	7.22	7.26	7.3
180	7.34	7.38	7.42	7.46	7.5	7.54	7.579	7.619	7.659	7.699
190	7.739	7.779	7.819	7.859	7.899	7.939	7.979	8.019	8.059	8.099
200	8.138	8.178	8.218	8.258	8.298	8.338	8.378	8.418	8.458	8.499
210	8.539	8.579	8.619	8.659	8.699	8.739	8.779	8.819	8.86	8.9
220	8.94	8.98	9.02	9.061	9.101	9.141	9.181	9.222	9.262	9.302
230	9.343	9.383	9.423	9.464	9.504	9.545	9.585	9.626	9.666	9.707
240	9.747	9.788	9.828	9.869	9.909	9.95	9.991	10.031	10.072	10.113
250	10.153	10.194	10.235	10.276	10.316	10.357	10.398	10.439	10.48	10.52
260	10.561	10.602	10.643	10.684	10.725	10.766	10.807	10.848	10.889	10.93
270	10.971	11.012	11.053	11.094	11.135	11.176	11.217	11.259	11.3	11.341
280	11.382	11.423	11.465	11.506	11.547	11.588	11.63	11.671	11.712	11.753

续表

T	0	1	2	3	4	5	6	7	8	9
	热电动势/mV									
290	11.795	11.836	11.877	11.919	11.96	12.001	12.043	12.084	12.126	12.167
300	12.209	12.25	12.291	12.333	12.374	12.416	12.457	12.499	12.54	12.582
310	12.624	12.665	12.707	12.748	12.79	12.831	12.873	12.915	12.956	12.998
320	13.04	13.081	13.123	13.165	13.206	13.248	13.29	13.331	13.373	13.415
330	13.457	13.498	13.54	13.582	13.624	13.665	13.707	13.749	13.791	13.833
340	13.874	13.916	13.958	14	14.042	14.084	14.126	14.167	14.209	14.251
350	14.293	14.335	14.377	14.419	14.461	14.503	14.545	14.587	14.629	14.671
360	14.713	14.755	14.797	14.839	14.881	14.923	14.965	15.007	15.049	15.091
370	15.133	15.175	15.217	15.259	15.301	15.343	15.385	15.427	15.469	15.511
380	15.554	15.596	15.638	15.68	15.722	15.764	15.806	15.849	15.891	15.933
390	15.975	16.071	16.059	16.102	16.144	16.186	16.228	16.27	16.313	16.355
400	16.397	16.439	16.482	16.524	16.566	16.608	16.651	16.693	16.735	16.778
410	16.82	16.862	16.904	16.947	16.989	17.031	17.074	17.116	17.158	17.201
420	17.243	17.285	17.328	17.37	17.413	17.455	17.497	17.54	17.582	17.624
430	17.667	17.709	17.752	17.794	17.837	17.879	17.921	17.964	18.006	18.049

3. 热电偶的结构

控温的需要，热电偶的结构有多种类型，有装配型、铠甲型、薄膜型、表面型、隔爆型等。热电偶又有单支及双支之分，在一个保护套管中装有 2 只热电偶的称为双支。无论是何种热电偶，固定时均应插入被测系统内足够深度，且热端迎着流体方向。

（1）普通热电偶

如图 2-25 所示，这种热电偶由热电极 1、绝缘套管 2、保护套管 3、接线盒 4 及接线盒盖 5 组成。绝缘体一般使用陶瓷套管，其保护套有金属和陶瓷两种。普通热电偶主要用于测量液体和气体的温度，如图 2-26 所示。

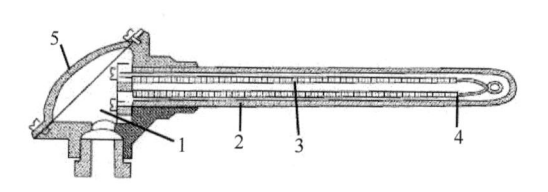

1—热电极 2—绝缘套管 3—保护套管
4—接线盒 5—接线盒盖

图 2-25 普通热电偶

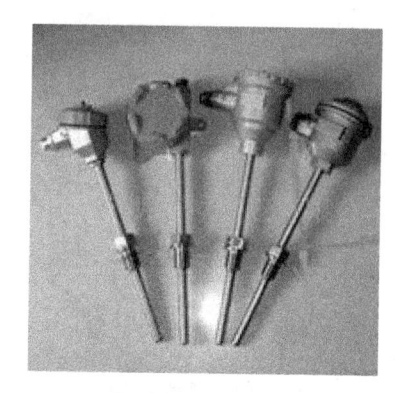

图 2-26 普通型热电偶实物

（2）铠装热电偶（又称装配式热电偶）
铠装热电偶是由热电偶丝、绝缘材料，金属套管三者拉细组合而成一体，又由于它的热端形状不同，可分为 3 种形式，如图 2-27 所示。它的突出优点是小型化（直径为 0.25～1mm）、寿命长、热惯性小，使用方便，主要用于测量狭缝的场合，如图 2-28 所示。

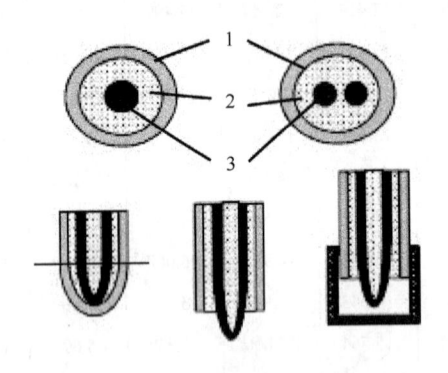

(a) 碰底型　(b) 露头型　(c) 帽型
1—金属套管；2—绝缘材料；3—热电极

图 2-27　铠装式热电偶断面结构示意图

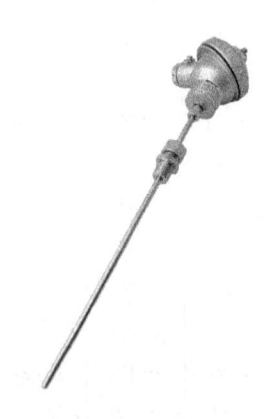

图 2-28　铠装热电偶

（3）快速反应薄膜热电偶
薄膜型热电偶的结构如图 2-29 所示。这种热电偶是用真空蒸镀等方法使两种热电极材料蒸镀到绝缘板上而形成薄膜状热电偶，其热接点极薄（0.01～0.1μm），因此特别适用于对壁面温度的快速测量，安装时，用黏结剂将它黏结在被测物体壁面上。目前我国试制的有铁—镍、铁—康铜和铜—康铜三种快速反应薄膜热电偶，尺寸为 60mm×6mm×0.2mm，绝缘基板用云母、陶瓷片、玻璃及酚醛塑料纸等，测温范围在 300℃以下，反应时间仅为几毫秒。薄膜型热电偶主要用于壁式测量，如图 2-30 所示。

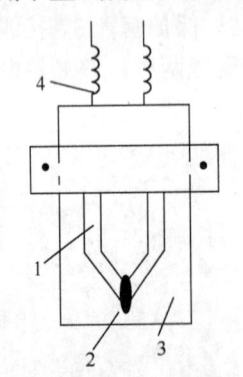

1—热电极　2—电接点　3—绝缘基板　4—引出线

图 2-29　快速反应薄膜热电偶

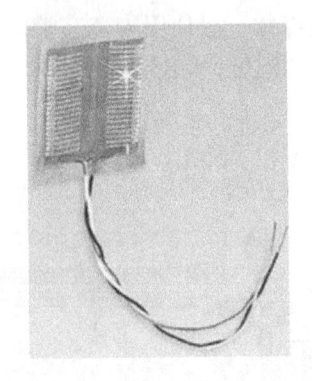

图 2-30　薄膜热电偶实物

（4）快速消耗微型热电偶
快速消耗微型热电偶，它将铂铑$_{10}$-铂铑$_{30}$ 热电偶装在 U 形石英管中，再铸以高温绝缘水泥，外面再用保护钢帽所组成。这种热电偶使用一次就焚化，但它的优点是热惯性小，只要注意它的动态标定,测量精度可达±5~7℃。如图2-31所示为炼钢专用一次性消耗性快速微型热电偶 KW3/25-602p-600。

图 2-31　快速消耗微型热电偶实物

4．热电偶冷端温度补偿

热电偶测量温度时要求其冷端的温度保持不变,其热电动势的大小才与测量温度呈单值函数关系。若测量时,冷端的(环境)温度变化,将影响严重测量的准确性。由于热电偶长度有限,冷端温度将直接受到被测物温度和周围环境温度的影响。在工业生产活动中经常会遇到热电偶与测量仪距离较远的情况,解决该问题最好的方法就是将电阻丝增长,然后与测量仪相连接,但是这样做的结果提高了成本,因此需要采用比热电偶廉价的补偿导线。

（1）补偿导线法

工业中一般是采用补偿导线来延长热电偶的冷端,使之远离高温区。补偿导线测温电路如图 2-32 所示。

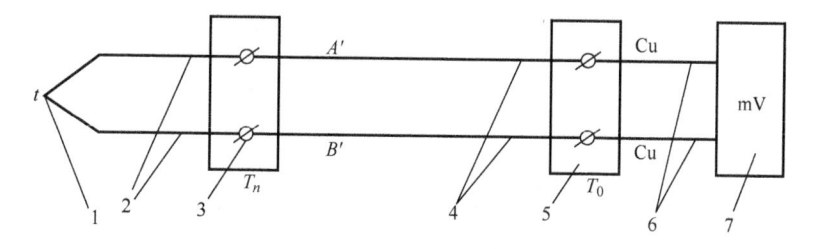

1—测量端；2—热电极；3—接线盒1（中间温度）；
4—补偿导线；5—接线盒2（新的冷端）；6—铜引线（中间导线）；7—毫伏表

图 2-32　利用补偿导线延长热电偶的冷端接线图

补偿导线（A'、B'）是两种不同材料的、相对比较便宜的金属（多为铜和铜的合金）导体,它们的自由电子密度比和所配接型号的热电偶的自由电子密度比相等,所以补偿导线在一定的环境温度范围内,与所配接的热电偶的灵敏度相同,具有相同的温度—热电动势关系,即

$$E_{A'B'}(T,T_0) = E_{AB}(T,T_0) \tag{2-11}$$

常用热电偶的补偿导线如表 2-7 所示,表中补偿导线型号的头一个字母与配用热电偶的型号相对应；第二个字母"X"表示延伸型补偿导线（补偿导线的材料与热电偶电极的材料相

同）；字母"C"表示补偿型导线；字母"H"表示耐高温；字母"R"表示多股；字母"P"表示屏蔽；字母"F"表示聚四氟乙烯材料；字母"B"表示玻璃纤维材料；字母"S"表示精密级补偿导线；字母"G"表示一般用补偿导线。

表 2-7 常用热电偶的补偿导线

补偿导线型号	配用热电偶型号	补偿导线 正极	补偿导线 负极	绝缘层颜色 正极	绝缘层颜色 负极
SC	S	SPC（铜）	SNC（铜镍）	红	绿
KC	K	KPC（铜）	KNC（康铜）	红	蓝
KX	K	KPX（镍铬）	KNX（镍硅）	红	黑
EX	E	EPX（镍铬）	ENX（铜镍）	红	棕

在使用补偿导线时必须注意以下问题：

① 补偿导线只能在规定的温度范围内（一般为 0～100℃）与热电偶的热电动势相等或相近。

② 不同型号的热电偶有不同的补偿导线。例如，如果使用的是 K 型热电阻，那么补偿线就必须使用 K 型热电偶使用的补偿线。虽然这样做降低了成本，但这样做也有缺点，与不被替代的热电偶相比，最高使用温度降低了。在热电偶丝与补偿线连接时，使用热电偶连接器是十分方便的。由于连接器采用与热电偶相同的材料制成，因此可以将连接器部分产生的误差降低到最小，连接器上还配备了高温用和屏蔽线用的接地线。

③ 热电偶和补偿导线的两个接点处要保持同温度。

④ 补偿导线有正、负极，需分别与热电偶的正、负极相连。

⑤ 补偿导线的作用只有延伸热电偶的自由端，当自由端 $T_0 \neq 0$ 时，还需进行其他补偿与修正。

（2）计算法

若温度显示仪表分度时规定热电偶冷端温度为零摄氏度，而在使用中冷端温度不为零摄氏度时，根据热电偶的中间温度定律，得知在这种情况下产生的热电势为：

$$E_{AB}(T, 0℃) = E_{AB}(T, T_n) + E_{AB}(T_n, 0℃) \tag{2-12}$$

修正时，先测出冷端温度 T_0，然后从该热电偶分度表中查出 $E_{AB}(T, 0℃)$（此值相当于损失掉的热动势），并把它加到所测得的 $E_{AB}(T, T_0)$ 上，根据式（2-4）求出 $E_{AB}(T, 0℃)$，此值是已得到补偿的热电势，根据此值再在分度表中查出相应的温度值。计算修正法共需要查分度表两次，如果冷端温度低于 0℃，仍可用上式计算修正，但查出的 $E_{AB}(T, 0℃)$ 为负值。

（3）仪表机械零点调整法

当热电偶与动圈式仪表配套使用时，若热电偶的自由端温度 T_0 基本恒定，对测量精度要求又不高时，可将仪表的机械零点调至热电偶自由端温度 T_0 的位置上，这相当于在输入热电偶的热电动势 $E_{AB}(T, T_0)$ 前先给仪表输入一个热电动势 $E_{AB}(T_0, 0℃)$。这样，仪表在使用时所指示的值即为 $E_{AB}(T, T_0) + E_{AB}(T_0, 0℃)$。进行仪表机械零点调整时，首先应将仪表的电源和输入信号切断，然后用螺丝刀调节仪表面板上的螺丝使指针指向 T_0 的刻度上。此法虽有一些误差，但非常简便，在工业上经常采用。

（4）冷端恒温法（冰浴法）

将热电偶的冷端置于装有冰水混合物的恒温容器中，使冷端的温度保持在 0℃不变。此方法也称为冰浴法，它消除了 T_0 不等于 0℃而引入的误差，由于冰融化较快，所以一般只适用于实验室中。图 2-33 是冷端置于冰瓶中的接法布置图。

除此之外还可以将热电偶的冷端置于电热恒温器中，恒温器的温度略高于环境温度的上限（例如40℃）或者将热电偶的冷端置于恒温空调房间中，使冷端温度恒定。这两种方法只是使冷端维持在某一恒定（或变化较小）的温度上，因此这两种方法仍要予以修正。

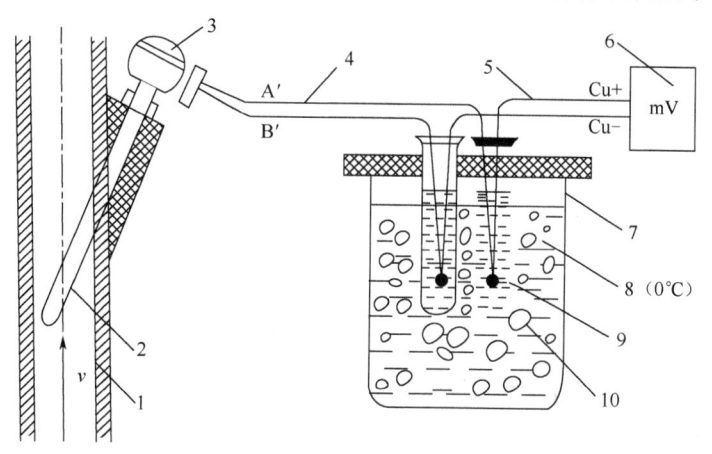

1—被测液体管道；2—热电偶；3—接线盒；4—补偿导线；5—铜制质导线
6—毫伏表；7—冰瓶；8—冰水混合物；9—试管；10—新的冷端

图 2-33　冰浴法接线图

（5）电桥补偿法

电桥补偿法是最常用的自由端温度自动补偿的方法。它是利用直流电桥的不平衡电压来补偿热电偶因自由端温度变化而引起的热电动势变化值。如图 2-34 所示，图中 R_{Cu} 用铜丝绕制，R_1、R_2、R_3 用锰铜丝绕制。当自由端温度增大时，由于 R_{Cu} 增加，使电桥输出的不平衡电压增加，以补偿热电偶热电动势的减小。电桥平衡点一般设在温度为20℃，自由端温度偏离20℃时，电桥将产生不平衡电压。所以，采用这种电桥需把仪表的机械零值调整到20℃处。若电桥是按 0℃时设计平衡的，则仪表机械零值调在 0℃处。用于电桥补偿法的装置称为热电偶冷端补偿器。冷端温度补偿器通常使用在热电偶与动圈式显示仪表配套的测温系统中。而自动电子电位差计或温度变送器以及数字式仪表的测量线路里已设置了冷端温度补偿电路，故热电偶与它们相配套使用时不必另行配置冷端补偿器。在使用冷端温度补偿器时应注意两点：①各种冷端补偿器只能与相应型号热电偶配套，并且应在规定的温度范围内使用；②冷端补偿器与热电偶连接时，极性不能接反。

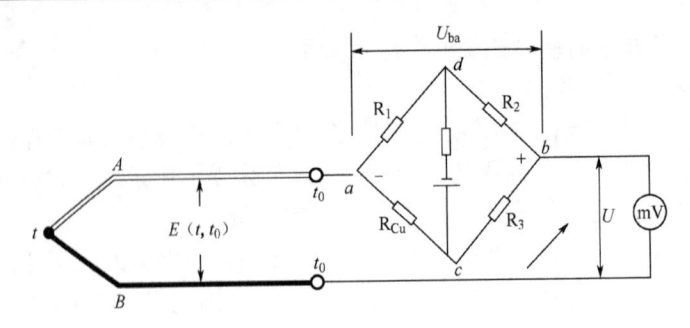

图 2-34　电桥补偿法接线图

（6）软件补偿法

在计算机监控系统中，有专门设计的热电偶信号采集卡或采集器，通常有单路、8 路、或 16 路信号通道，带有隔离、放大、滤波等处理电路，在每一块卡上都在接线端子附近安有热敏电阻或半导体温度传感器，在采集卡驱动程序的支持下，计算机每次都采集各路热电动势信号和冷端温度信号，按计算修正法计算出每一路的热电动势值，就可以得到准确的被测值。

5．热电偶的连接方式

热电偶按照其连接方式可分为以下两种：

（1）串联热电偶

这种连接方式的热电偶又称热电堆，它是把若干个同一型号的热电偶串联在一起，所有测量端处于同一温度 T 之下，所有连接点处于另一温度 T_0 之下（如图 2-35 所示），则输出电动势是每个热电动势之和。串联线路的主要优点是热电势大，精度比单支高；主要缺点是只要有一只热电偶断开，整个线路就不能工作，个别短路会引起示值显著偏低。

（2）并联热电偶

如图 2-36 所示，它是把几个同一型号的热电偶的同性电极参考端并联在一起，而各个热电偶的测量端处于不同温度下，其输出电动势为各热电偶热电动势的平均值，所以这种热电偶可用于测量平均温度。此种连接的特点是当有一只热电偶烧断时，难以觉察出来。当然，它也不会中断整个测温系统的工作。

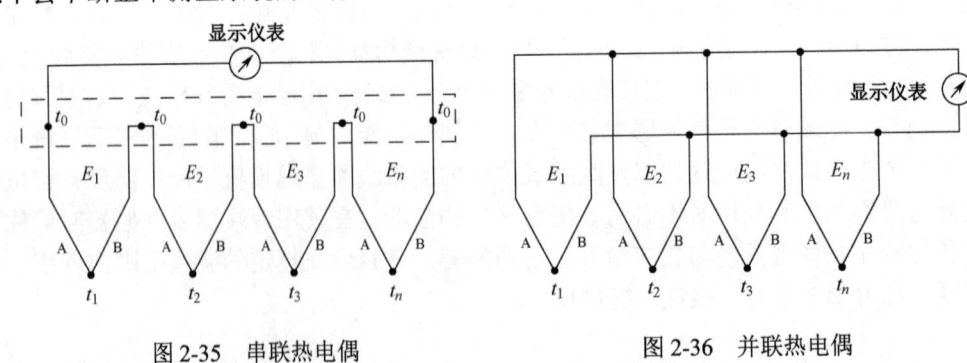

图 2-35　串联热电偶　　　　图 2-36　并联热电偶

（3）测量两点之间的温度差

实际工作中常需要测量两处的温差，可选用两种方法测温差。

一种是两支热电偶分别测量两处的温度，然后求算温差。（精度较差）

一种是将两支同型号的热电偶反串联接，直接测量温差电势，然后求算温差。（对于要求精确的小温差测量）

6．热电堆

自然界中的物体或多或少全部都在辐射着红外线，其辐射的红外线能量大小与物体绝对温度的 4 次方成正比，因此通过检测红外线可以测量物体的温度。测量红外线可以使用热电堆，热电堆是将热电偶堆积起来的温度传感器，如图 2-37 所示。它将接收到的红外能量产生的温度变化用热电偶检测出来，以热电动势的形式输出。其精度虽然超不过普通的热电偶，但具有一个最大的优点，就是可以进行非接触式温度测量。

图 2-38 是一个体表温度计探头，是一个分度号为 K 的热电偶产品，凡是冷冻设备或产品的表面与外壁温度皆可测量，（如测量模具、铸模、平板玻璃器皿、铝业制造、轴承以及其他固体的表面温度等。）

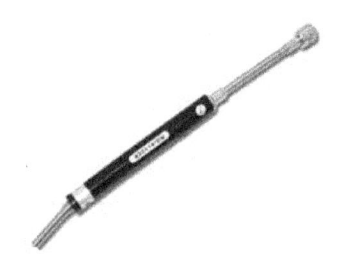

图 2-37　热电堆传感器　　　图 2-38　体表温度计探头

项目 4　简易热电偶

任务引入

热电偶是工业上最常用的温度检测元件之一，它具有测量精度高；测量范围广；构造简单，使用方便等特点。它通过将两种不同材料的导体或半导体 A 和 B 焊接起来，构成一个闭合回路，当导体 A 和 B 的两个接触点之间存在温差时，两者之间便产生电动势，并在回路中形成热电流，因此，可将温度的变化转变成热电势或热电流的变化。本次课我们利用铜和铜镍（康铜）两种金属构成电偶线的两极制作一个工业应用的热电偶（分度号为 T），如图 2-39 所示，利用制作好的热电偶来验证热电效应。

（a）0.4mm 铜丝　　　　　　（b）0.4mm 康铜丝

图 2-39　铜—康铜热电偶的原材料

原理分析

简易热电偶电路如图 2-40 所示,该电路中主要应用铜和铜镍(康铜)两种金属构成电偶线。当两接点温度出现温差时,在电路中会产生热电动势,温差越大,产生的热电动势也越大。

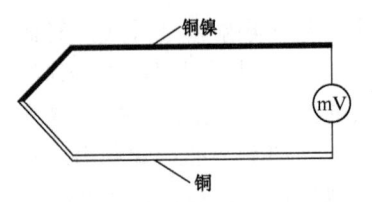

图 2-40 简易热电偶原理图

任务实施

1. 准备阶段

制作简易热电偶电路所需的元件清单见表 2-8,散件元器件如图 2-41 所示。

表 2-8 简易热电偶电路元器件清单

元 器 件	说　明
铜丝	0.4mm
康铜丝	0.4mm

图 2-41 简易热电偶电路主要元件

2. 制作步骤

简易热电偶的制作的难点是对热电偶的焊接,目前各散热实验室焊接热电偶线的设备主要有以下两种:电子点焊机和氢氧烧焊机。

电子点焊机:是专门为电子工业、微电子工业提供的电子点焊设备,具有无须除去绝缘漆就可直接焊接漆包线的功能,焊接时不用任何的助焊剂及焊锡,实现无铅锡焊接,如图 2-42 所示。焊接时在微小焊接区域流过强大电流,电能转化为热能,焊接一瞬间把两种金属牢靠焊接在一起,形成一种不易氧化的金属合金。具有焊点细小、牢靠、对高频信号衰减小、耐高温等优点。把热偶线的两根金属导线剥出,交叠放在点焊钳的点焊棒上,在点焊钳被压合的瞬间，电路导通产生一强电流，此时热偶线交叠点会产生瞬间的高温，从而把热电偶线熔合在一起，如图 2-43 所示。

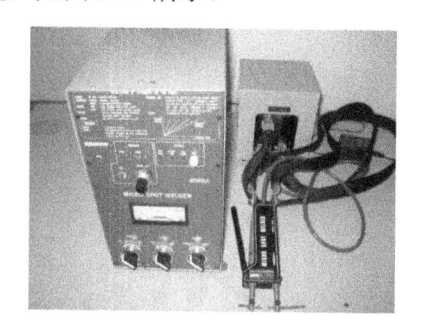

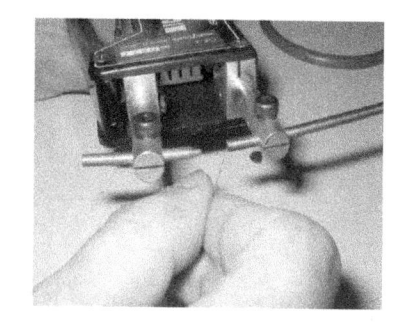

图 2-42　电子点焊机　　　　　　图 2-43　利用电子点焊机制作热电偶

氢氧烧焊机：由一台氢氧电解器和一个燃烧喷嘴组成，如图 2-44 所示。先把水电解成氢气和氧气，混合后由喷嘴喷出，点燃后便在喷嘴前端形成高温火焰。把热偶线的两根金属导线绞合在一起，利用用火焰的高温把两根金属导线烧熔在一起。

除此之外还可以利用直流电源完成热电偶的制作。直流电源是实验室的一种常用设备，如图 2-45 所示。它在短路瞬间也会释放出高电流，我们可以利用此高电流产生的局部电热效应来焊接热电偶。

图 2-44　氢氧烧焊机　　　　　　图 2-45　直流电源

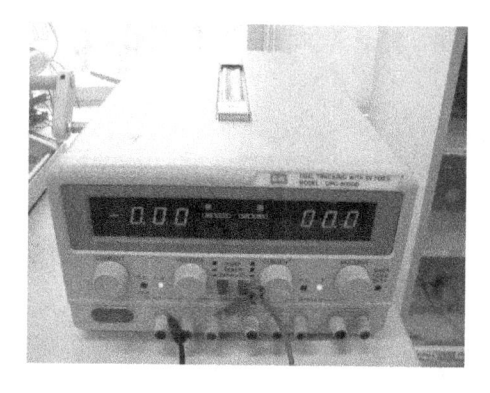

（1）将两根金属线平行地靠在一起。

（2）将直流电源的正负极分别接上带鳄鱼夹的导线，黑色线的鳄鱼夹（负极）夹住一刀片；红色线的鳄鱼夹（正极）夹住热电偶一端裸露的两根金属线，如图 2-46 所示。

（3）打开电源，将电压调到 40V 左右（电压范围在 37～45V 均可，可根据焊接效果以及金属线的直径选择）。

（4）用红色鳄鱼夹夹住的两根热电偶的金属线轻轻地触碰刀片，电源的正负极在接触的一刹那短路，回路中出现瞬间强电流，强电流在通过触碰点时，把触碰点的温度在瞬间内升高到铜与康铜的熔点之上，从而把紧紧靠在一起的两根热电偶金属线焊接在一起，如图 2-47 所示。

（5）通电并调试电路

本电路是简易热电偶电路，我们可以利用制作好的简易热电偶完成热电偶的原理——热电效应的实现。在调试过程中可能出现的常见问题：测量没有结果。①焊接不够牢固，在制作热电偶时，尽量使两根金属尽量平行放置制作。②热电偶的两根金属线的冷端温度不相同。本电路结构简单无须过多调试即可完成电路功能。

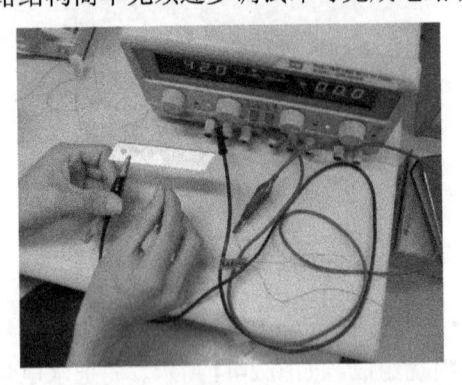

图 2-46　直流电源正负极的设置　　　　　图 2-47　制作完成的热电偶

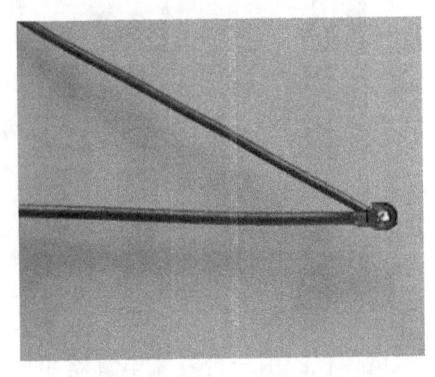

3. 制作注意事项

利用直流电源焊接热电偶时可根据焊接效果及金属线的直径大小，选择电压的幅值。当正负极接触短路时，会产生瞬间强电流，读者在制作过程中注意个人安全。

4. 完成实训报告

思考题

利用导线将制作好的热电偶连接到毫安表进行测量由温差产生的热电动势，导线对热电偶的热电动势会不会有影响？为什么？

阅读材料

热电偶是温度测量中最常用的传感器。与热敏电阻、热电阻（RTD）及集成温度（IC）传感器相比，热电偶的最重要好处是宽温度范围和适应各种大气环境。热电偶比其他传感器结实得多，可在现场焊接制作。热电偶也是自供电和最便宜的温度传感器。热电偶由在一端连接的两条不同金属线（金属 A 和金属 B）构成。当热电偶一端受热时，热电偶电路中就有连续电流流过。可用该温度梯度产生的电压计算温度。

不过，电压和温度间是非线性关系，温度变化时电压变化很小。需要用好的测量设备来测量如此小的电压。由于电压和温度是非线性关系，因此难以把被测电压变换为温度。为计算热偶的测量端温度，还需要为参考温度作第二次测量。虽然现代数据记录仪能通过软件和/或硬件在仪器内部处理电压—温度变换，但额外的测量也要多花测量时间。

简而言之，热电偶是最简单和最通用的温度传感器，使用热电偶简单到只需连接两条线，但也是最不灵敏和最不稳定的温度传感器，因此热电偶不适合高精度的应用。

（四）双金属片温度传感器（bimetallic temperature sensor）

双金属温度传感器通常用来作开关使用的，常称为温控开关。该传感器的构成，主要是将两种不同的金属片熔接在一起。由于金属的热膨胀系数不同，所以温度的变化就会引起双金属片向不同的方向弯曲。若温度升高，双金属片就会向热膨胀系数小的方向弯曲；若温度降低，双金属片就会向热膨胀系数大的方向弯曲，从而形成开关的"开"与"关"的状态。

工业上应用的双金属温度传感器即双金属温度计，它是一种测量中低温度的现场检测仪表。可以直接测量各种生产过程中的-80～+500℃范围内液体蒸汽和气体介质温度。工业用双金属温度计主要的元件是一个用两种或多种金属片叠压在一起组成的多层金属片，利用两种不同金属在温度改变时膨胀程度不同的原理工作的。是基于绕制成环性弯曲状的双金属片作为感温器件，并把它装在保护套管内，其中一端固定，称为固定端，另一端连接在一根细轴上，成为自由端。在自由端线轴上装有指针。当温度发生变化时，感温器件的自由端随之发生转动，带动细轴上的指针产生角度变化，在标度盘上指示对应的温度；直型表则通过转向传动机构带动指针变化。由于感温器件与温度变化呈线性关系，因此双金属温度传感器指针所指示的位置也就是被测量的温度数值。表壳材料可以是钢板、铸合金和不锈钢板；检测元件还具有抽芯式结构；可调角型温度传感器的表头部分借助于波纹管，转角机构等零件，可以由角型到直型或从直型到角型任意角度转变。

下面以双金属温度传感器在电熨斗中的应用电路为例，如图2-48所示，介绍双金属温度传感器的工作原理。用电熨斗熨衣服，若温度过高会烫坏衣服，而且对于不同的衣料，熨衣时所需温度也不同，因此需要调温装置。如图2-49所示是电熨斗的结构示意图。电熨斗调温电路主要组件是双金属片，电熨斗工作时，上、下触点接触，电热组件通电发热。当温度达到选定温度时，双金属片受热下弯，使上触点离开下触点，自动切断电源；当温度低于选定温度时，双金属片复原，两触点闭合。再接通电路，通电后温度又上升，达到选定温度时又再断开，如此反复通断，就能使熨斗的温度保持在一定范围内。对于不同的衣料，我们可以通过调节螺丝选定温度的高低，越往下旋，静触点越下移，选定的温度就越高。

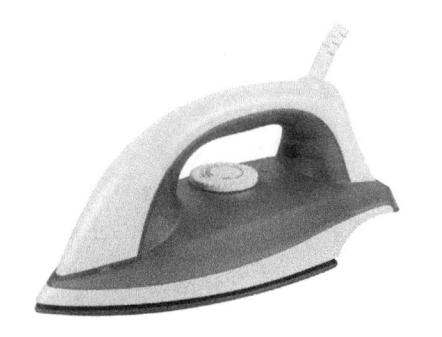

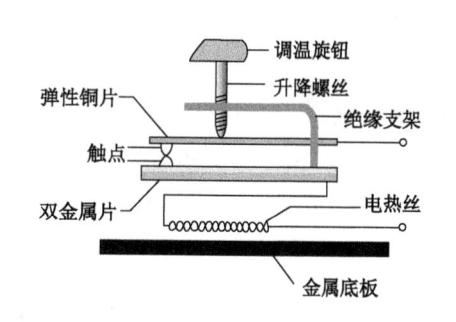

图2-48　家用电熨斗　　　　图2-49　电熨斗的结构图

项目5　火灾报警电路

任务引入

火灾是人们需要避免发生的危险事件，火灾对人身和财务的伤害都很大，在我们身边有各式各样的火灾报警器，如图 2-50 所示即为一款火灾报警器。其实火灾报警器的种类有很多，像烟雾的、感光的、温度的等，本项目中，我们要制作一个基于温度的火灾报警电路。

图 2-50　火灾报警器

原理分析

本项目要制作的电路（图 2-51）十分简单，主要应用的元器件只有三个，分别是双金属片、继电器、蜂鸣器，如果没有双金属片可以找废弃的管灯，取出跳泡代替双金属片。当发生火灾，周围环境温度升高时，双金属片连通，继电器工作，S1 开关闭合，蜂鸣器报警。

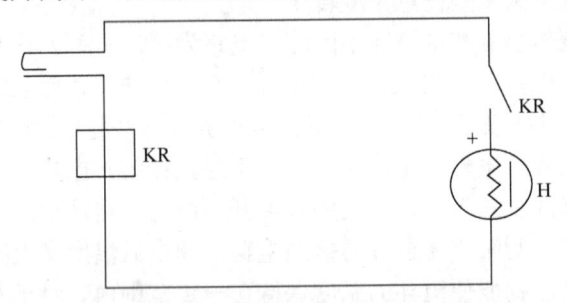

图 2-51　火灾报警电路原理图

任务实施

1．准备阶段

本电路的核心元件是温度传感器（双金属片），制作火灾报警电路所需的元件清单见表 2-9，该电路主要应用的元器件是继电器。散件元器件如图 2-52 所示。主要应用的工具有烙铁、焊锡胶棒和胶枪。

表 2-9　火灾报警电路元器件清单列

元 器 件	说　明
双金属片	管灯用跳泡
蜂鸣器	
继电器	5V

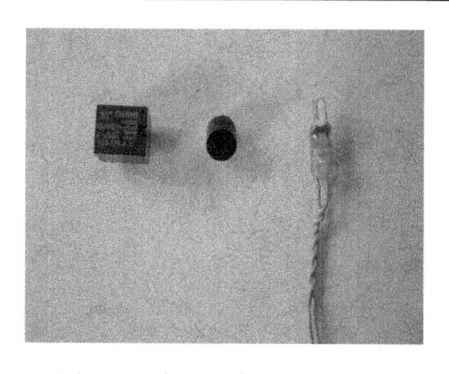

图 2-52 火灾报警电路主要元件

2. 制作步骤

（1）温度传感器（双金属片）的制作

双金属片是一个温度传感器，其特点是随着外界温度的升高，双金属片膨胀，两端接通，使电路导电。在实际应用电路中如果购买不到双金属片传感器我们可以用管灯跳泡中的双金属片代替，其原理和双金属片温度传感器一样。

首先将管灯跳泡中的双金属片取出，如图 2-53 所示。然后将两引脚与导线相连，利用胶枪在导线相连处裹上绝缘胶，如图 2-54 所示。

> 双金属片取自日光灯跳泡，取的时候应小心谨慎。

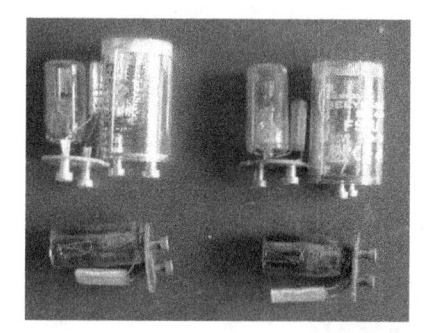

图 2-53 管灯跳泡中的双金属片 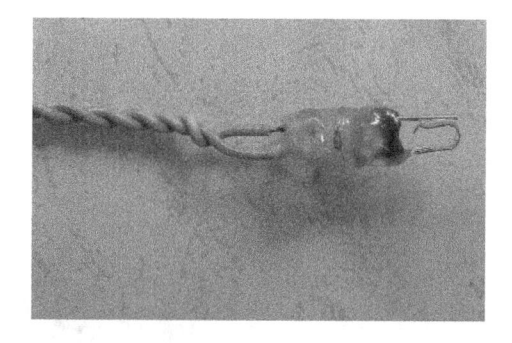　　图 2-54 制作好的双金属片传感器

（2）继电器的使用

继电器是一种根据外界输入信号（电信号或非电信号）来控制电路"接通"或"断开"的一种自动电器，主要用于控制、线路保护或信号转换。本电路中应用的是电磁式继电器。电磁式继电器由电磁系统、触点系统和反力系统三部分组成，当吸引线圈通电（或电流、电压达到一定值）时，衔铁运动驱动触点作用，电磁式继电器的图形和文字符号如图 2-55 所示，有常开式和常闭式两种类型。

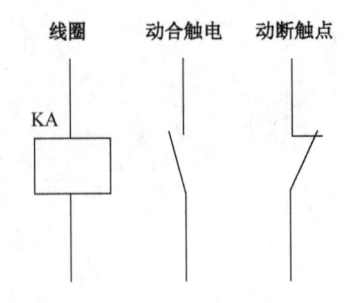

图 2-55　电磁式继电器图形和文字符号

本电路选用的继电器是 HRS4H-S-DC9V，工作电压 9V。继电器的引脚结构图如图 2-56 所示。其中 AB 两引脚之间为线圈，E 为公共端。用万用表测量可知，ED 为常开端，EC 为常闭端。火灾报警电路应用的是继电器的常开端，即 ED 端。在连接中 C 端不用。除此之外还可以应用继电器 4100，工作电压 3V，其引脚如图 2-57 所示。其中 2、5 引脚之间为线圈，1、4 功能相同为公共端，3 脚和 1 脚（或 4 脚）为常开端，6 脚和 1 脚（或 4 脚）为常闭端。

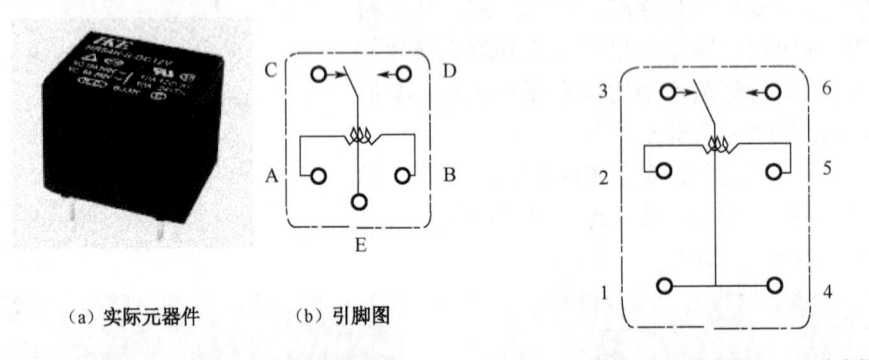

（a）实际元器件　　（b）引脚图

图 2-56　HRS4H-S-DC9V 继电器　　　　图 2-57　继电器 4100 引脚图

（3）调色电路布局设计。实物布局图如图 2-58 所示，供读者参考。

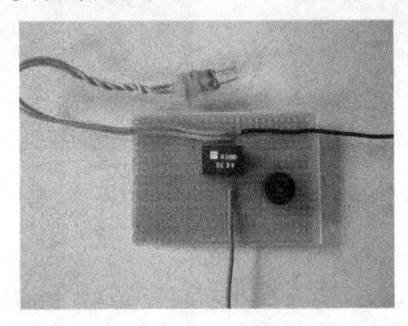

图 2-58　实物布局图

（4）元器件焊接

元器件在焊接上注意要合理布局，先焊小元件，后焊大元件，防止小元件插接后掉下来的现象发生。

（5）焊接完成后先自查，后请教师检查。如有问题，修改完毕，再请教师检查。

（6）通电并调试电路

调试过程中常见问题：①电路不工作，继电器管脚接错。②电路不报警，蜂鸣器接错极性。

3．制作注意事项

（1）继电器的常开常闭触点的位置。
（2）继电器线圈的位置。
（3）蜂鸣器有极性。

4．完成实训报告

思考题

1. 双金属片温度传感器的工作原理属于（　　）。
   A．气体膨胀　　　　　　B．固体膨胀　　　　　　C．液体膨胀
2. 该电路不用继电器是否还可以正常工作？如果可以需要对电路进行调整吗？调整电路哪部分？

阅读材料

物体因温度改变而发生的膨胀现象叫"热膨胀"。热膨胀是当物体的温度变化时，体积发生变化的现象。一般物体温度升高时，体积增大；温度降低时，体积缩小。在相同的温度变化下，固体、液体和气体的热胀冷缩程度不同。其中固体膨胀最小，液体较大，气体最大。因为物体温度升高时，分子运动的平均动能增大，分子间的距离也增大，物体的体积随之而扩大；温度降低，物体冷却时分子的平均动能变小，使分子间距离缩短，于是物体的体积就要缩小。又由于固体、液体和气体分子运动的平均动能大小不同，因而从热膨胀的宏观现象来看亦有显著的区别。

你能解释吗？

有一个瓶子和一个盖子，盖子刚刚能够盖住瓶子，但对盖子加热后，非常轻松就能盖住瓶子，这是为什么？

（五）集成温度传感器

集成温度传感器是半导体技术的产物。从 20 世纪 80 年代进入市场后，由于它的线性度好，精度适中，灵敏度高，故其应用越来越广泛。集成温度传感器是将温敏晶体管、放大电路、温度补偿电路等辅助电路集成在同一个芯片上的温度传感器。它的最大优点是线性度好，而且体积小、成本低、使用方便。因此广发的用于-50～150℃温度范围的测温、控温和温度补偿电路中。集成温度传感器按照其输出形式的不同，可以分为电压型、电流型和频率型三

种，前两种应用较广。集成温度传感器还具有绝对零度时输出电量为零的特性，利用这一特性，可以很容易的测量热力学温度（绝对温度值）。常用集成温度传感器的基本参数与主要功能、特性比较见表 2-10。

表 2-10 常用集成温度传感器基本参数与主要功能特性比较

型 号	功 能	测温范围/℃	分辨率（准确度）	电源范围/V	静态电流/μA
AD590	适用于二端集成温度传感器	-55～150	1μA/K	4～30	
AD22100	待信号调节、电压输出温度传感器	200	±2（满度值）	4～6	500～650
AD22105	电阻可编程温度开关。通过拖外接电阻调节动作点温度，有4℃预置温度时滞	-40～125	±3，25℃时为±2.0	2.7～7.0	
DS1620	9位串行数据输出温度传感器IC；带非易失用户数据设定。3线接口，转换时间1s		0.5	2.7～5.5	1.0
DS1621	9位串行数据输出温度传感器IC；带非易失用户数据设定。2线串行接口	-55～125	±0.5 （0～70℃）		
DS1820	9位串行数据输出温度传感器IC，支持多点温度测量，单线串行接口，转换时间1s		±0.5℃ （-10～85℃） ±2℃ （-55～150℃）	2.8～5.5	5 （125℃）
DS1821	可编程自动温度调节控制IC，带非易失用户数据设定		±1℃ （0～85℃）	2.7～5.5	1～3
AN6071	高精度、高灵敏度（100mV/℃）4端通用集成温度传感器	-10～80	±1.0	5～15	
LM34	高精度、高灵敏度（100mV/℉）精密华氏温度检测IC	-50～300℉	1.0℉	5～30	<90
LM35	高精度、高灵敏度（100mV/℃）3端通用集成温度传感器	-50～150	0.5	4～30	70（max）
LM50		-40～125	±2.0	4.5～10	130（max）
LM56	双输出、带1.25V基准电压源集成温度传感器	-40～125	±2.0～±3.0	2.7～10	230（max）
LM60	单电源集成温度传感器，输出电压（174～1205mV）与温度成线性关系		±3.0 （-25～125）		110（max）
LM65	——	——	——	——	——
LM66	双输出、带1.25V基准电压源、可预置集成温度调节控制器	-40～125		2.7～10	250（max）
LM75	9位数字输出温度传感器IC；带用户数据设定，2线串行输出接口	-55～125	±2.0 （-25～100） ±3.0 （-55～125）	3.5～5.5	500（max）
LM78	多功能、可编程温度测控微处理器		±3.0 （-10～100）	4.25～5.75	10

续表

型　号	功　能	测温范围/℃	分辨率（准确度）	电源范围/V	静态电流/μA
LM84	二极管遥测输入、2线输出接口，带ΣΔ、A/D变换的数字IC，非遥测精度±1.0	0～125	±3.0（60～100）±5.0（0～125）	3～3.6	1000
LM135	三端可调集成温度传感器，三者除测温范围不同外，其他参数、封装形式及引脚功能基本相同，工作电流范围400μA—5mA	-55～150			
LM235		-40～125			
LM335		-55～100			
TC622/624	可编程温敏开关，TC623可设置两个温度控制点，高、低温双限输出	0～70/-40～85	偏离编程温度±5.0	4.5～18/2.7～4.5	
TC623		0～70/-40～85	偏离编程温度±3.0	2.7～4.5	
TMP03/04	PWM输出数字集成温度传感器IC				
TMP12	具有电阻可编程的气流温度传感器IC	-40～125	±3.0（-40～100）	≤15V	400
UC3730	可编程温度设置点感温开关，带报警输出			40	2500
TMP35/36/37	线性集成温度传感器IC①	-40～125	±3.0（-40～100）±3.0（25℃）	2.7～5.5	

其中TMP35、TMP36、TMP37的测温范围依次是10～125℃、-40～125℃、5～100℃；除测温范围不同外，其余参数均相同。

集成温度传感器使传感器和集成电路融为一体，如图2-59、图2-60所示。极大地提高了传感器的性能，它与传统的热敏电阻、热电阻、热电偶、双金属片等温度传感器相比，具有测温精度高、复现性好、线性优良、体积小、热容量小、稳定性好、输出电信号大等优点。

图2-59　AD590实物　　　图2-60　LM35系列

项目6　简易室内温度计

任务引入

温度是一个十分重要的物理量，无论在日常生活、企业施工还是科学研究中，温度的测量都是重要的参数之一。温度传感器的种类有很多，目前使用较为广泛的是集成温度传感器，集成温度传感器的种类也有很多,本次项目将使用 LM35D 制作一个简易的测温电路。

原理分析

　　LM35D 是一个温度传感器,其实物如图 2-61 所示,LM35D 集成温度传感器采用已知温度系数的基准源作为温敏元件,芯片内部则采用差分对管等线性化技术,实现了温敏传感器的线性化,也提高了传感器的精度。与热敏电阻、热电偶等传统传感器相比,具有线性好、精度高、体积小、校准方便、价格低等特点,LM35D 的输出电压与温度存在着较好的线性关系,用最小二乘法拟合得到关系式 U=7.05+10.02t,即其灵敏度为 10.02mV/℃。但 LM35D 单电源工作时测量的最低温度理论上是 0℃,而实际上只能测到 2℃左右,温度计校准时要注意这一点。工作电压 5V 时静态电流约为 50μA,芯片自热温升仅为 0.1℃左右,热稳定性较好。

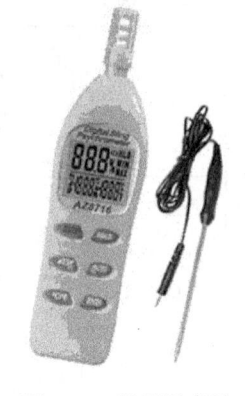

图 2-61　数显温度计

任务实施

1. 准备阶段

　　制作这个电路所需的元件清单见表 2-11。其散件实物如图 2-62 所示,本电路的核心元件是温度传感器 LM35D,主要元器件是数显表头,请注意数显表头的四根引线的连接方式。

表 2-11　简易室内温度计元件及工具清单

元　器　件	说　　明
数显表头	HB8140A
LM35D	温度传感器
手钻	
电池	9V
外壳	废弃二手元件外壳

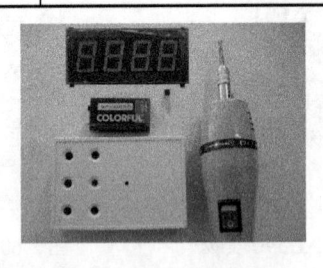

图 2-62　简易温度计散件照片

2. 制作步骤

　　本次项目制作的简易温度计十分简单,需要特殊注意的是如何使用万用表头,我们选用的型号是 HB8140A,如图 2-62 所示,该表头右下角有四根引线,分别连接电源和信号输出。只需将左侧两根电源线接好电源,右侧两根线接 LM35D 的输出和地就可以了,如图 2-63 所示。

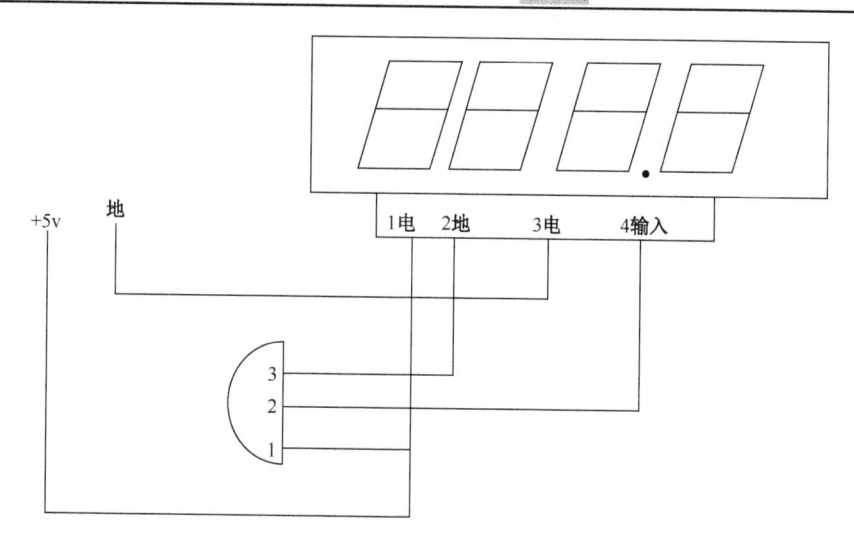

图 2-63　简易温度计连接图

表头的使用：

该表头可以直接从网上或是电子产品市场购买，每个表头都配备一张使用说明书，将表头后面板朝上如图所示，可以看到左下角有 D_1、D_2、D_3、Filt、Hold 的标识，默认是将 D_1 两个触电焊接上，所表达的意思是表头精确至小数点后 1 位，以此类推焊接哪个触电就是精确至将小数点后几位。

装盒：

前面所做的电路都是制作完成后的裸板，如果可以找到合适的外壳进行封装，这样的电路看起来就更贴近生活了。

有的电子市场里有二手元件卖，可以到这样的地方找一些电路的外壳，如图 2-64 所示就是在二手电子市场找到的外壳。打开盒盖可以看到里面有装电路板的位置和卡壳，还有装电池的格子及引线。本项目中所使用的传感器 LM35D 是一个外型酷似三极管的元件，需要将该传感器露在壳体外，我们可以用迷你钻钻出一个孔，将 LM35D 伸到壳体外，如图 2-65～图 2-68 所示。

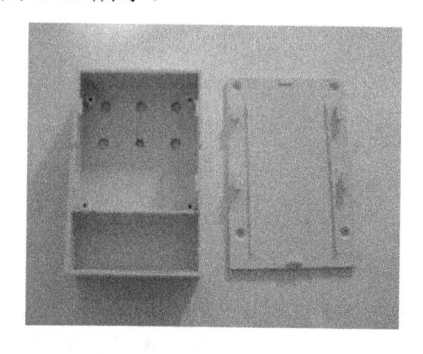

图 2-64　外壳

图 2-65　元件图

图 2-66　钻孔　　　　　　　　图 2-67　安装电池

用原外壳带的电池引线安装上 9V 电池后放入壳体。

将电路装进壳体中，注意 LM35D 的安装，要将该元件伸出壳体，才能测量室内温度，如图 2-70 所示为制作好的简易温度计。

图 2-68　放入壳体中　　　图 2-69　简易温度计　　　图 2-70　LM35D 装壳

3. 制作注意事项

（1）表头使用注意事项。

（2）使用手钻的注意事项。

（3）电路裸板安装注意事项。

4. 完成实训报告

思考题

请查阅资料，LM35D 和 LM35C 的区别在哪里？

阅读材料

自从人类诞生，冷暖一直是人关注的大问题。古代科技不发达，古人只能用身体来感受温度，至今还有些传统习惯流传，比如日本制造武士刀的师傅一直用眼睛观火焰颜色的方法来确定火候，我们焊接电路的时候也有用鼻子感受近距离非接触的方式了解烙铁是否足够热，这些都不精确，或者需要长期的学习和实践才能保证能够达到实用的精度。

随着技术和材料的发展，人们最先发现了液体随着冷热变化体积发生变化的规律，紧接着发明了酒精和水银温度计。酒精温度计，就是利用酒精热胀冷缩的性质制成的温度计。在

1个标准大气压下,酒精温度计所能测量的最高温度一般为78℃。因为酒精在1个标准大气压下,其沸点是78℃。但是温度计内压强一般都高于1标准大气压,所以有一些酒精温度计的量程大于78度。在北方寒冷的季节通常会使用酒精温度计来测量温度,这是因为水银的冰点是-39℃,在寒冷地区可能会因为气温太低而使水银凝固,无法进行正常的温度测量。而酒精的冰点点是-114℃,不必担心这个问题。由于酒精安全性比水银好,其78℃的上限和-114℃的下限完全能满足测量体温和气温的要求,但由于酒精温度计的误差比水银温度计大,因此,在量体温等要求酒精温度计比较精确的场合时,仍然主要用水银温度计。水银温度计水银温度计是膨胀式温度计的一种,水银的冰点是:-38.87℃,沸点是:356.7℃,用来测量0~150℃或500℃以内范围的温度。不过水银有剧毒,使用中要注意,破裂之后要用硫黄粉洒在液体汞流过的地方,可以通过化学作用变成硫化汞。硫化汞就不会通过吸入影响健康,液体汞就不会大批挥发到空气中对人体造成伤害。还要注意室内通风。假使家中小孩子的手破了并接触到了水银,那就应当赶快把他送到医院诊治。还有,水银掉在地板上,千万不要等待它去挥发,也不能用吸尘器去吸,最好用普通的小铲子把它收集起来。

专家认为,水银温度计的危险程度非常大,远远超出人们的想象。比如人们把其放在口腔内测量体温,万一体温计断了,水银很有可能流到口腔内乃至被吞下。为了尽快把水银排掉,这时候病人首先是不能吃饭了,要赶快多吃一些粗纤维的蔬菜类的东西;如果皮肤被断裂的水银温度计划破,很有可能会造成感染,引起皮肤发炎;而如果水银进到人的血液里,那就更麻烦了。

技术进一步发展,科技人员发现了金属的热电特性。利用这种特性发明了热电偶和热电阻两种温度传感器配合外围电路来进行温度的精确测量。热电偶传感器主要检测随温度变化电压差的变化,而热电阻传感器主要检测随着温度的变化的材料阻值的变化。

Bi-Ni-Co-K-Rb-Ca-Pd-Na-Hg-Pr-Ta-Al-Mn-Pb-Sn-Cs-W-Tl-In-Ir-Ag-Re-Cu-Au-Cd-Zn-Mo-Ce-Li-Fe-Sb-Ge-Te-Se 以上是旧称"热电序",按金属(或半导体,下同)在温差电现象中的性质排成的序列。从序列中任取两种金属制成一温差电偶时,在温度高的结合点,电流从序列中在前的金属流向序列中在后的金属。

随着对高温和特殊场合温度测量的需要,科技人员发明了非接触式温度传感器,它的敏感元件与被测对象互不接触,又称非接触式测温电路。这种电路可用来测量运动物体、小目标和热容量小或温度变化迅速(瞬变)对象的表面温度,也可用于测量温度场的温度分布。最常用的非接触式测温仪表基于黑体辐射的基本定律,称为辐射测温仪表。辐射测温法包括亮度法(见光学高温计)、辐射法(见辐射高温计)和比色法(见比色温度计)。各类辐射测温方法只能测出对应的光度温度、辐射温度或比色温度。只有对黑体(吸收全部辐射并不反射光的物体)所测温度才是真实温度。如欲测定物体的真实温度,则必须进行材料表面发射率的修正。而材料表面发射率不仅取决于温度和波长,而且还与表面状态、涂膜和微观组织等有关。非接触测温测量上限不受感温元件耐温程度的限制,因而对最高可测温度原则上没有限制。对于1800℃以上的高温,主要采用非接触测温方法。随着红外技术的发展,辐射测温逐渐由可见光向红外线扩展,700℃以下直至常温都已采用,且分辨率很高。

当代有更多的集成温度传感器诞生,常见的AD590和Lm35系列的传感器我们前边已经介绍过了。集成传感器使用方便,精度高,无须过多调整,能使用多种应用场合,将来必然是发展的大趋势。

第三章　光电传感器

光照射在物体上会产生一系列的物理或化学效应，例如植物的光合作用，化学反应中的催化作用，人眼的感光效应，取暖时的光热效应以及光照射在光电元件上的光电效应等。光电传感器是将光信号转换为电信号的一种传感器。使用这种传感器测量其他非电量时，只要将这些非电量转换为光信号的变化即可。光电传感器采用光电器件作为检测元件，它先把被测参数的变化转变为光信号的变化，再通过光电元件将光信号转变为电信号。光电传感器可以对许多非电量进行测量，具有结构简单、非接触性、精度高、响应速度快等优点，在检测和自动控制系统中得到广泛的应用。

要想掌握光电传感器的知识，首先应了解关于光的一些基本概念。

一、光辐射基础

1. 光和光谱

光是以电磁波的形式在空间传播的，人眼所能感觉到的光是电磁波中很小的一部分，称为可见光。可见光的波长约为 370～760nm。不同波长的光给人的颜色感觉也不同。波长从 760nm 向 380nm 减小时，光的颜色从红色开始，按红、橙、黄、绿、青、蓝、紫的顺序逐渐变化，全部可见光波混合在一起就形成白色光。可见光以外的电磁波辐射称为不可见光。波长小于 360nm 的电磁波中，人们熟悉的有紫外线、x 射线、γ 射线等。波长大于 760nm 的电磁辐射则有红外线和微波等。把光线中不同强度的单色光按波长长短依次排列，称为光谱，如图 3-1 所示。

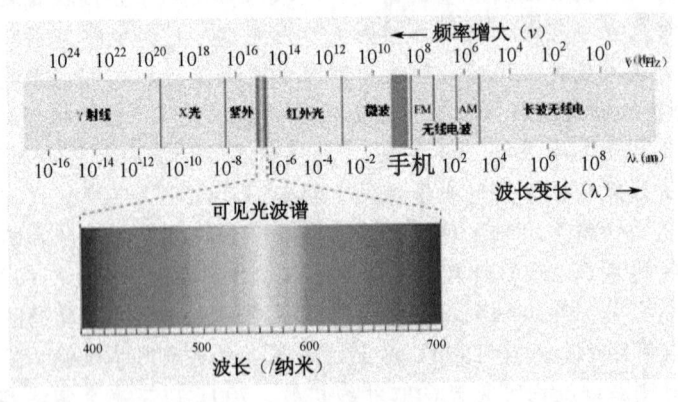

图 3-1　光谱

2. 光的度量

（1）光通量。

能够发光的物体称为光源，从光源发出的光具有一定的能量，这种能量称为光能。但仅用能量参数来描述各类光传感器的光学特性是不够的，还必须引入人眼视觉的光度参数也就是"视见率"来衡量。视见率又称"视见函数"，不同波长的光对人眼的视觉灵敏度不同。实验表明：正常视力的观察者，在明视觉时对波长 5.5×10^{-7} 米的黄绿色光最敏感；暗视觉时对波长 5.07×10^{-7} 米的光最为敏感。而对紫外光和红外光，则无视力感觉。取人眼对波长为 5.55×10^{-7} 米的黄绿光的视见率为最大，取为 1；其他波长的可见光的视见率均小于 1；红外光和紫外光的视见率为零。某波长的光的视见率与波长为 5.55×10^{-7} 米的黄绿光视见率的比称为该波长的"相对视见率"。

光通量是指人眼所能感觉到的辐射功率，它等于单位时间内某一波段的辐射能量和该波段的相对视见率的乘积。用符号 ϕ 来表示，单位为流明，用符号（lm）来表示。

（2）发光强度。

光源在空间某一特定方向上的单位立体角内辐射的光通量（光通量的密度），称为光源在该方向上的发光强度（简称光强），用符号 I 来表示，单位为坎德拉（cd），其中 $I=\phi/\omega$。ϕ 是在 ω 立体角内所辐射的总的光通量（lm）；ω 为球面所对应的立体角。通俗的说，发光强度就是光源所发出的光的强弱程度。

（3）照度。

照度是用来表示被照面（点）上光的强弱。受照物体表面每单位面积上接收到的光通量称为照度，符号位 E，单位为勒克斯（lx）。被光均匀且垂直照射的照度 $E=\phi/A$，其中 ϕ 为物体表面单位面积上接收到的光通量，A 为被照面积，因此说 $1（lx）=1（lm）/m^2$，教育部门规定，所有教室的课桌面的照度必须大于 150lx，因此在日常生活中需要用到衡量照度的照度计，本章中将完成一个简易照度计的制作。

（4）亮度。

亮度是指发光体（反光体）表面发光（反光）强弱的物理量。人眼从一个方向观察光源，在这个方向上的光强与人眼所"见到"的光源面积之比，定义为该光源单位的亮度，即单位投影面积上的发光强度。亮度用符号 L 表示，亮度的单位是坎德拉/平方米（cd/m^2）。

光源的明亮程度与发光体表面积有关，同样光强的情况下，发光面积大，则暗，反之则亮。亮度与发光面的方向也有关系，同一发光面在不同的方向上其亮度值也是不同的，通常是按垂直于视线的方向进行计量的。例如相同照度下两个相同物体，一黑一白，人眼看到白色物体要比黑色物体亮得多。

二、光电效应

光电传感器中重要的部件是光电元件，它是基于光电效应进行工作的。光电效应是指当光照射到物体时，物体受到具有能量的光子轰击，使物体材料中的电子吸收光子的能量而发生相应的电效应，如电导率变化、发射电子或产生电动势的现象。光电效应是由德国物理学家爱因斯坦（图 3-2）在 1905 年用光量子学说解释的，他因此获得了 1921 年的诺贝尔物理学奖。

图 3-2　德国物理学家爱因斯坦

光电效应通常分为外光电效应、内光电效应和光生伏特效应。

1．外光电效应

在光线作用下，电子逸出物体表面的现象称为外光电效应，也成为光电发射效应。外光电效应可用爱因斯坦光电方程来描述为

$$\frac{1}{2}mv^2 = hf - A \quad (3-1)$$

该公式中，m 为电子质量；v 是电子逸出物体表面时的初速度；h 是普朗克常数，h=6.626×10^{-34}J·S；f 为入射光频率；A 是物体逸出功。爱因斯坦光电方程表明逸出功与材料的性质有关，当材料选定后，要使金属表面有电子逸出，入射光的频率 f 有一最低的限度，当 hf 小于 A 时，即使光通量很大，也不可能有电子逸出，这个最低限度的频率称为红限。当 hf 大于 A 时，光通量越大，逸出的电子数目越多，形成的光电流也越大。基于外光电效应的光电元件有光电管和光电倍增管等。

2．内光电效应

在光线作用下，使物体的电阻率发生变化的现象称为内光电效应，也成为光电导效应。基于内光电效应的光电元件有光敏电阻、光敏二极管、光敏三极管、光敏晶体管和光敏晶闸管等。

3．光生伏特效应

在光线作用下，使物体产生一定方向电动势的现象称为光生伏特效应。例如以一定波长的光线照射半导体 PN 结上，电子受到光电子的激发挣脱束缚成为自由电子，在 P 区和 N 区产生电子—空穴对，在 PN 结内电场的作用下，空穴移向 P 区，电子移向 N 区，从而使 P 区带正电，N 区带负电，于是 P 区和 N 区之间产生电压，即光生电动势，若 PN 结两端短接，则形成光电流。基于光生伏特效应的光电元件有光电池。

总而言之，光电传感器是以光为媒介，以光电效应为基础的传感器，市场上的光电传感器主要有：①光敏电阻、光敏晶体管；②各类光电池；③光电传感器。

三、光电管和光电倍增管

通常人们把检测装置中发射电子的极板称为阴极,吸收电子的极板称为阳极,且将两者封于同一壳内,连上电极,就成为光电二极管(简称光电管)。当入射光照射在阴极时,光子的能量传递给阴极表面的电子,当电子获得的能量足够大时,就有可能克服金属表面对电子的束缚(称为逸出功)而逸出金属表面形成电子发射,这种电子称为光电子。当光电管阳极与阴极间加适当正向电压(几伏到数十伏)时,从阴极表面溢出的电子被具有正向电压的阳极所吸引,在光电管中形成电流,称为光电流。光电流正比于光电子数,而光电子数又正比于光通量。结构如图3-3所示。光电管的图形符号及测量电路如图3-4所示。如果将负载电阻与光电管串联接入电路,该电阻上的压降随着光电流的大小而改变,而光电流的大小又直接反映了光强度的变化,从而利用光电管实现光电信号的转换。

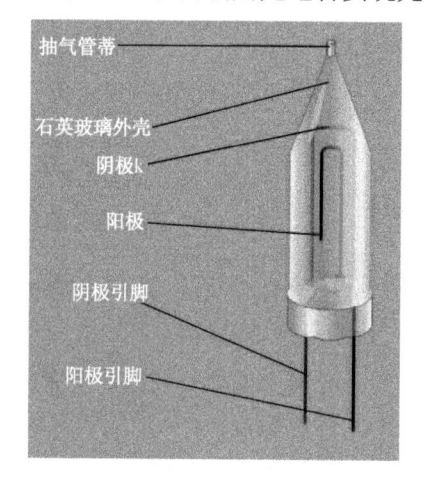

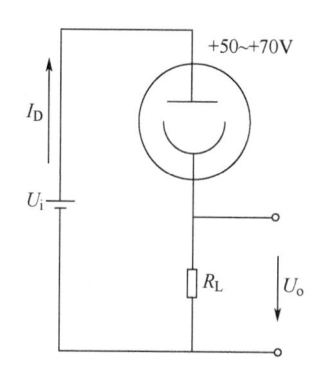

图3-3 光电管结构　　图3-4 光电管图形符号及测量电路

由于不同材料的电子逸出功不同,所以不同材料的光电阴极对不同频率的入射光有不同的灵敏度,因此可以根据检测对象是可见光或紫外光而选择不同阴极材料的光电管。

光电管有真空光电管和充气光电管两类,两者结构相似。充气光电管的构造与真空光电管的构造基本相同,不同之处在于玻璃泡内充以少量惰性气体。如氩、氖。当光电极被光照射而发射电子时,光电子在趋向阳极的途中撞击惰性气体原子,使其电离而使阳极电流急速增加。其优点就是灵敏度高,但与真空管相比,其灵敏度随电压显著变化的稳定性,频率特性都比真空管差。

光电管的典型应用有很多,比如医疗器械中的血液检测仪。当输送血液的导管经过光电管和光源中间,如果该管血液属于一个生病的患者,那么血液成分就会与健康人有差别,这样透过血液输送导管照射到光电管的光通量的大小会有所变化,导致光电管产生的电流大小不同,同时反应到电子设备上,由电子设备上的数据可以评估该管血液成分,继而能够分析患者病情。

在入射光很微弱时,一般光电管能产生的光电流很小,难于检测,在这种情况下,即使光电流能被放大,但噪声与信号也同时放大了,为了克服这个缺点,可以采用光电倍增管对光电流进行放大。光电倍增管是在普通光电管阴、阳极的基础上,又加入了光电二次发射的倍增极。这些光电倍增极上面有 Sb-Cs 或 Ag-Mg 等光敏材料。在工作时，这些电极的电位逐级提高。一般光电倍增管的输出特性基本上是一条直线，即光照度与输出电流成线性关系。

光电管和光电倍增管的实物如图 3-5、图 3-6 所示。

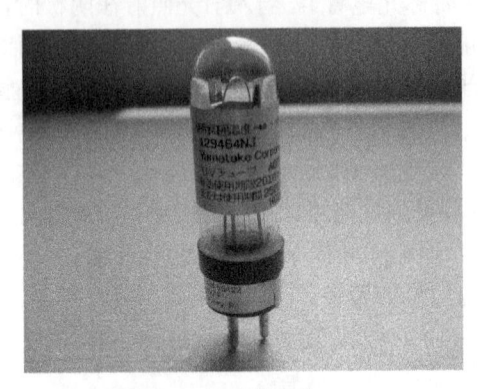

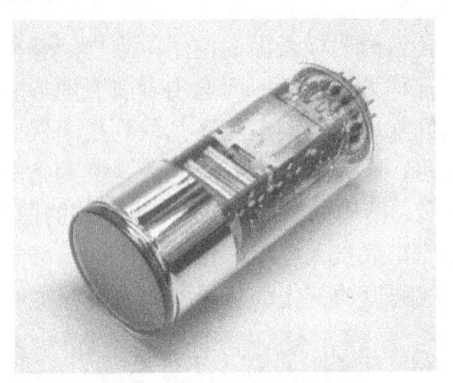

图 3-5　光电管实物　　　　　　图 3-6　光电倍增管实物

光电管在工业测量中主要应用于紫外线测量、火焰监测等场合。光电管的灵敏度较低，因此在微光测量中常常使用光电倍增管。

四、光敏电阻、光敏晶体管

1. 光敏电阻

光敏电阻又称光导管，它是利用多晶半导体的光导电特性而制成的，是属于一种无结的半导体器件。当光导体受到光照时，其表面层就会产生空穴和电子（光生载流子），并有效地参与导电，从而使光导体的电阻率下降。光照越强，电阻越小。光敏电阻的工作原理是基于内光电效应。在半导体光敏材料两端装上电极引线，将其封装在带有透明窗的管壳里，就构成了光敏电阻。为了增加灵敏度，两电极常做成梳状，如图 3-7 所示为热敏电阻元件，图 3-8 为其结构图。

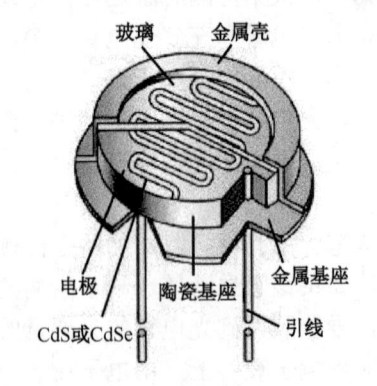

图 3-7　光敏电阻器　　　　　　图 3-8　光敏电阻的结构

2. 光敏晶体管

光敏二极管、光敏三极管、光敏晶闸管等统称为光敏晶体管（图 3-9、图 3-10、图 3-11），它们的工作原理是基于内光电效应。光敏三极管的灵敏度比光敏二极管高，但频率特性较差，暗电流也较大。而光敏晶闸管的导通电流比光敏三极管还要大得多，工作电压有的可达数百伏，因此可得较高的输出功率。光敏晶闸管主要用于光控开关电路及光耦合器中。

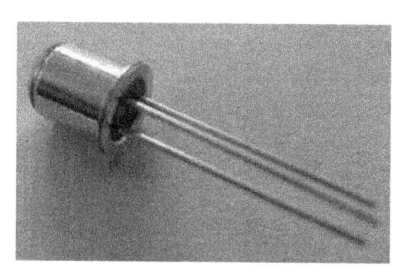

图 3-9　光敏二极管　　　图 3-10　光敏三极管　　　图 3-11　光敏晶闸管

将发光器件与光敏元件集成在一起，便可构成光耦合器。其中，图 3-12（a）所示为窄缝透射式，可用于片状遮挡物体的位置检测或码盘、转速测量中；图（b）为反射式，可用于反光体的位置检测，对被测物不限厚度；图（c）所示为全封闭式，用于电路的隔离。若必须严格防止环境光干扰，透射式和反射式都可选择红外波段的发光元件和光敏元件。

光耦合器最典型的应用就是烘手器，烘手器以光耦合器为光传感器，以开关集成电路 TWH8778 为控制元件，电路如图 3-13 所示。当洗手后需要烘干时，把手放在烘手器下方，经光耦合感应到信号，使开关集成电路 TWH8778 的 5 端电平高于 1.6V 而导通。经 R_4 限流电阻，触发晶闸管 VS，并使 VS 导通，加热器 R_L 工作，将手烘干。当手离去后，开关集成电路 TWH8778 自动截止，加热器 R_L 停止工作。

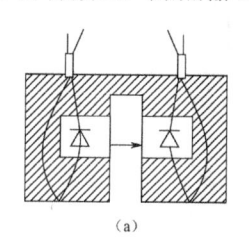

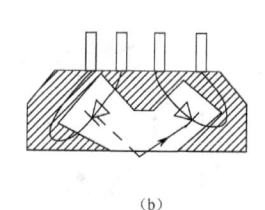

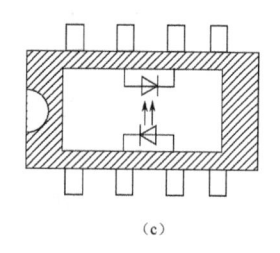

图 3-12　光耦合器的典型结构

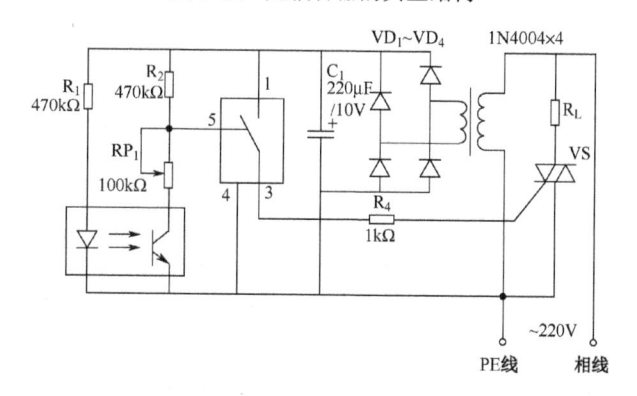

图 3-13　远红外烘手器电路

光耦合器的实物照片如图 3-14 所示。

图 3-14　光电耦合器

项目 7　简易自动照明装置

任务引入

几十年前，人们就开始利用光敏电阻和光电二极管来实现对环境光的检测。随着这些年人们对绿色节能以及产品智能化的关注，光电传感器获得了越来越多的应用。在日常生活中，自动照明灯就是光电传感器的实际应用如图 3-15 所示，它可在光线较强的情况下自动熄灭，而在夜晚或光线较弱的情况下自动点亮，给人们的生活带来了极大方便。

图 3-15　街道路灯

原理分析

简易自动照明装置电路结构简单，可随实际环境光线强弱进行自动照明。电路主要应用光电传感器——光敏电阻。本项目制作的自动照明电路主要由小灯泡、单向晶闸管组成，触发电路由电位器、二极管 1N4007 和光敏电阻组成。当外界环境光照强度较强时，光敏电阻两端电阻较小，单项晶闸管 Q_1 呈阻断状态，其大部分电压被二极管 D_1 和电位器 RP 分担，小灯泡不亮；当外界环境光线变暗时，光敏电阻两端电阻增大，当达到一定程度时，单项晶闸管 Q_1 两端电压增大导通时，小灯泡 L 点亮。外界环境越暗，光敏电阻越大，小灯泡两端电压也越大，小灯泡也越亮。

通过调节电位器 RP 的阻值可以改变小灯泡的亮、灭与环境光线强度之间的关系。例如，将该电路的传感器光敏电阻放置在 10lx 的照度环境下，调节 RP 到小灯泡 L 刚好点亮为止；

当外界环境低于 10lx 时，小灯泡 L 就会自动点亮。简易自动照明装置电路如图 3-16 所示，。

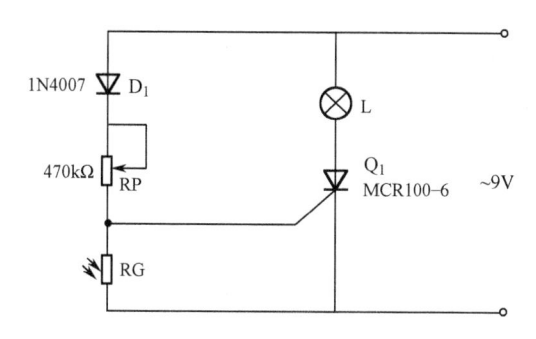

图 3-16　简易自动照明装置电路原理图

任务实施

1．准备阶段

制作简易自动照明装置电路所需的元器件见表 3-1。本电路的核心元件是光敏电阻，主要元器件是单向晶闸管 MCR100-6。主要元器件如图 3-17 所示。

表 3-1　简易自动照明装置元器件清单

元　器　件		说　　明
光敏电阻	RG	5kΩ（暗电阻）
电位器	RP	470kΩ
灯泡		
二极管	D_1	1N4007
单向晶闸管	Q_1	MCR100-6

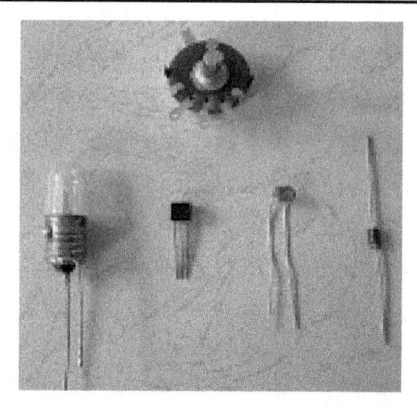

图 3-17　简易自动照明装置主要元器件

2．制作步骤

（1）光敏电阻的检测

① 用一张黑纸片将光敏电阻的透光窗口遮住，此时万用表的指针基本保持不动，阻值接

近无穷大。此值越大说明光敏电阻性能越好。若此值很小或接近为零，说明光敏电阻已烧穿损坏，不能再继续使用。

② 将一个光源对准光敏电阻的透光窗口，此时万用表的指针应有较大幅度的摆动，阻值明显减小，此值越小说明光敏电阻性能越好。若此值很大甚至无穷大，表明光敏电阻内部开路损坏，也不能再继续使用。

③ 将光敏电阻透光窗口对准入射光线，用小黑纸片在光敏电阻的遮光窗上部晃动，使其间断受光，此时万用表指针应随黑纸片的晃动而左右摆动。如果万用表指针始终停在某一位置不随纸片晃动而摆动，说明光敏电阻的光敏材料已经损坏。

(2) 二极管的极性判断

二极管具有单向导电特性，即正向电阻很小，反向电阻很大。利用万用表检测二极管正、反向电阻值，可以判别二极管电极极性，同时还可判断二极管是否损坏。

将万用表置于 R×100 挡或 R×1k 挡，红、黑表笔分别接二极管的两个电极，测出一个结果后，对调两支表笔，再测出一个结果。两次测量的结果中，测量出的较大的阻值为反向电阻，测量出的较小的阻值为正向电阻，此时说明二极管性能优良。在阻值较小的测量中，黑表笔接的是二极管的正极，红表笔接的是二极管的负极。若二极管正、反向电阻值都很大，说明二极管内部断路；反之，若阻值都很小，说明二极管内部有短路故障。此两种情况二极管都不能正常工作，需要更换二极管。

(3) 晶闸管引脚极性

单向晶闸管 MCR100-6 的引脚分别为阳极（A）、阴极（K）和控制极（G）。从等效电路上看，阳极与控制极之间是两个反极性串联的 PN 结，控制极与阴极之间是一个 PN 结，如图 3-18 所示。

根据 PN 结的单向导电特性，将指针式万用表选择适当的电阻挡，测试极间正反向电阻。对于正常的可控硅，G、K 之间的正反向电阻相差很大；G、K 分别与 A 之间的正反向电阻相差很小，其阻值都很大。这种测试结果是唯一的，根据这种唯一性就可判定出可控硅的极性。用万用表 R×1k 挡测量可控硅极间的正反向电阻，选出正反向电阻相差很大的两个极，其中在所测阻值较小的那次测量中，黑表笔所接为控制极，红表笔所接的为阴极，剩下的一极就为阳极。判定可控硅极性的同时也可定性判定出可控硅的好坏。如果在测试中任何两极间的正反向电阻都变化很小或很大，则说明单向晶闸管被击穿损坏。

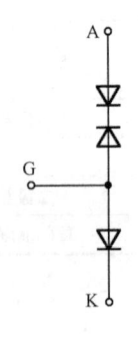

图 3-18 单向晶闸管等效电路

除此之外，对于单向晶闸管 MCR100-6，可以根据其固定引脚模式直接测量性能好坏，然后直接应用，如图 3-19 所示。

(4) 设计自动照明装置电路布局。实物布局图如图 3-20 所示，供读者参考。

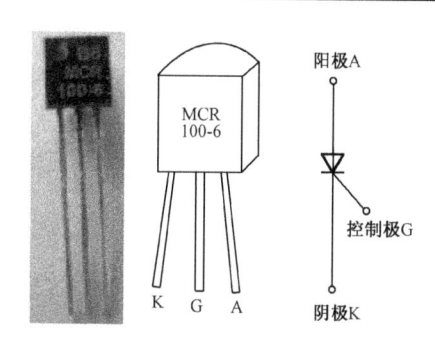

图 3-19　单向晶闸管 MCR100-6 的结构　　　图 3-20　实物布局图

（5）元器件焊接

在焊接元器件时，要注意合理布局，先焊小元件，后焊大元件，防止小元件插接后掉下来的现象发生。

（6）焊接完成后先自查，然后请教师检查。如有问题，修改完毕，再请教师检查。

（7）通电并调试电路

给电路接上电源，若电路制作正确，在光线充足的环境下灯泡不亮，随着周围光线逐渐减弱达到一定程度时，灯泡点亮。通过调节电位器阻值的大小可以调节周围环境光线强弱，控制灯泡自动照明。在调试过程中可能出现的常见问题：①如果电路不工作，可能是单向晶闸管连接错误。②如果连接没有错误，但电路不工作，可能是因为周围环境太亮，需要有效遮挡光线。

3．制作注意事项

在环境光线变化的情况下，需要重新调节电位器位置。

4．完成实训报告

思 考 题

如果想实现如下功能：在有光照下小灯泡点亮，无光照下小灯泡熄灭。该电路应如何改动？

阅读材料

日常生活中经常使用的光敏电阻器主要有紫外光敏电阻器、红外光敏电阻器和可见光光敏电阻器。

紫外光敏电阻器：对紫外线较灵敏，包括硫化镉光敏电阻器、硒化镉光敏电阻器等，用于探测紫外线。例如曾风靡日本的测紫外线的变色手机链，手机链本身是透明的，在太阳下就会变成紫色、粉色、黄色、蓝色等，紫外线越强，颜色越深，像夏天雨后的彩虹一样，非常漂亮。其主要功能就是测试紫外线的强弱，同时提醒外出的人做好防晒措施。还有比较受女士们喜欢的防晒概念手机，如图 3-21 所示。只要在阳光下开启该功能，便可探测到当前户外紫外线指数。

红外光敏电阻器：主要有硫化铅、碲化铅、硒化铅、锑化铟等光敏电阻器，广泛用于导弹制导、天文探测、非接触测量、人体病变探测、红外光谱、红外通信等国防、科学研究和工农业生产中。

可见光光敏电阻器：包括硒、硫化镉、硒化镉、碲化镉、砷化镓、硅、锗、硫化锌等光敏电阻器，主要用于各种光电控制系统，如光电自动开关门户，航标灯、路灯和其他照明系统的自动亮灭，机械上的自动保护装置和"位置检测器"，极薄零件的厚度检测器，照相机自动曝光装置，光电计数器，烟雾报警器，光电跟踪系统等。

图 3-21　防晒概念手机

项目 8　简易照度计

任务引入

生产生活中有许多环境对光线强弱有特定要求的情况，例如农业生产中的花卉培育（园丁可以根据照度计的显示调整花卉培育场所的光强，控制鲜花生长的周期）、家禽养殖等，这时通常会采用照度计来测量光照度，如图 3-22 所示是现代生活中常用的照度计，价钱一般在千元左右。照度计的核心元件为光敏电阻。下面应用所学的知识来制作一个简易照度计，实现测量光照度的功能。

图 3-22　照度计

原理分析

简易照度计通常用于对光照度测量要求不太精确的场合。本节要制作的简易照度计电路主要由光敏电阻和 4 个电压比较器（LM339）组成，如图 3-23 所示。该电路的核心元件——光敏电阻的阻值会随着环境光强而变化，这样，四个电压比较器的反相端电压值会跟随改变，电压比较器的同相端分别设置不同的比较电平，根据电压比较器的工作原理可知，当反相端的电位高于同相端电位时，输出低电平，对应的 LED 发光，指示照度的强度级别。例如，将该电路的传感器光敏电阻放置在 100lx、200lx、400lx、1000lx 的照度环境下，分别调节 RP_2、RP_3、RP_4、RP_5，使 LED_1、LED_2、LED_3、LED_4 刚好点亮为止。经过这样的处理后（该过程为电路的调试过程），该电路就可以使用了。将制作好的电路拿到不同的光强下，根据 LED 的指示，即可测量光照度的大概范围。

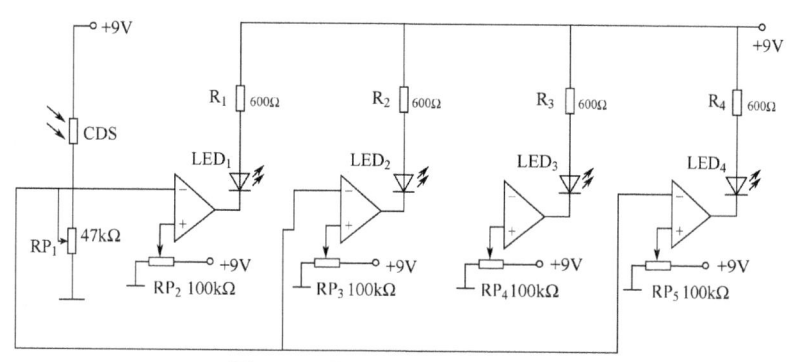

图 3-23　简易照度计原理图

任务实施

1. 准备阶段

制作这个电路所需的元件见表 3-2。本电路的核心元件是光敏电阻，电路中集成块 LM339 的各引脚功能如图 3-24 所示，该电路主要元件如图 3-25 所示。

表 3-2　简易照度计元器件清单列表

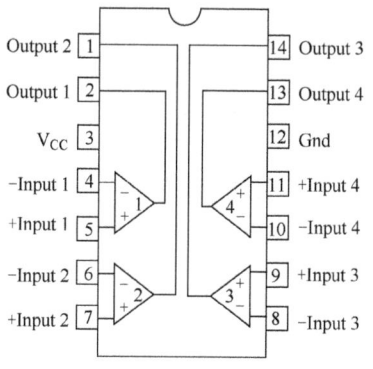

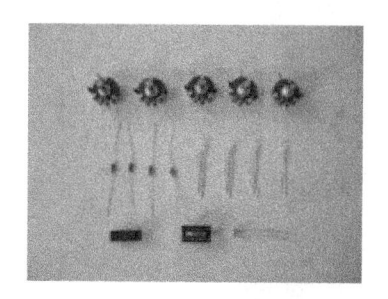

元器件		说　明	元器件		说　明
光敏电阻	CDS	5k（暗电阻）	发光二极管	LED$_1$	$\phi 3 \sim \phi 5$
滑动变阻器	RP$_1$	47kΩ		LED$_2$	$\phi 3 \sim \phi 5$
	RP$_2$	100kΩ		LED$_3$	$\phi 3 \sim \phi 5$
	RP$_3$	100kΩ		LED$_4$	$\phi 3 \sim \phi 5$
	RP$_4$	100kΩ	限流电阻	R$_1$	600Ω
	RP$_5$	100kΩ		R$_2$	600Ω
运算放大器及管脚座		LM339		R$_3$	600Ω
				R$_4$	600Ω

图 3-24　LM339 各引脚功能图　　　图 3-25　简易照度计主要元件

根据电路原理图结合实物完成简易照度计电路布局，并将布局结果画到右侧方框内。图 3-26 为实物布局图，供读者参考。

（a）　　　　　（b）

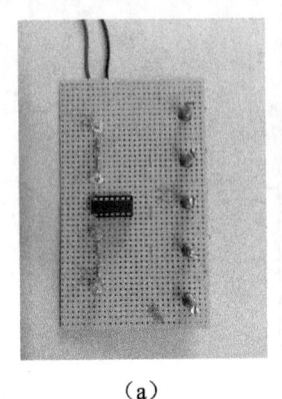

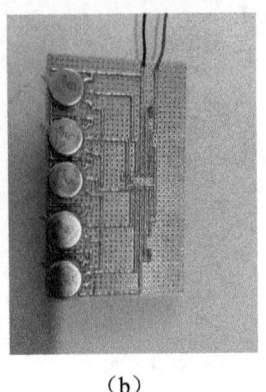

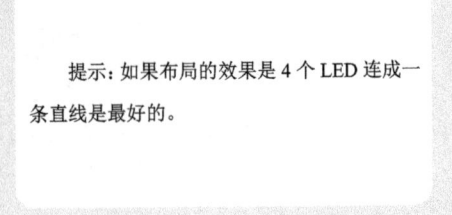

图 3-26　实物布局参考图

提示：如果布局的效果是 4 个 LED 连成一条直线是最好的。

2．制作步骤

（1）元器件性能测试

制作电路前需要测量元器件的好坏，本项目中需要注意的是 LED 的判断，当使用模拟万用表测量时，黑表笔输出为正，红表笔输出为负。

（2）元件布局设计

在本书的后面设置了布局专用纸，每个小圆点代表万用板的焊盘，请在布局纸上设计电路布局图。

（3）元器件焊接

元器件的焊接需要注意的是集成块焊接时只能焊上管脚座，不能带集成块一起焊接，否则可能损坏集成块。

（4）焊接完成后先自查，然后请教师检查。如有问题，修改完毕，再请教师检查。

（5）通电并调试电路

调试：给电路接上电源，制作这一电路需要注意的是四个用来调整运放同相端电位的电位器抽头与集成块连接处的处理，应尽量做到跳线少，不交叉。

常见问题：电路不工作，可能是因为集成块安装反了。

3．制作注意事项

（1）LED 的极性；
（2）RP_1～RP_4 的接法一致；
（3）LM339 集成电路的管脚排序；
（4）LM339 应在全部电路焊接完成并检查之后，再插入管脚座。

4．完成实训报告

思考题

如果将光敏电阻换成一个暗电阻值为 100kΩ 的传感器，对电路会有什么影响？

五、光电池

光电池也称为太阳能电池，它的工作原理是基于光生伏特效应，即光照射在光电池上时，可以直接输出电动势及光电流。光电池的种类很多，主要的区别是材料与工艺。材料有硅、锗、硒、砷化镓等，其中，硅材料的光电池应用最广泛，这是因为硅光电池具有性能稳定、光谱范围宽、频率性好、传递效率高、能耐高温辐射和价格便宜等优点。

硅光电池的结构如图 3-27 所示，它实质上是一个大面积的硅半导体 PN 结，其基本材料为薄片 P 型单晶硅。在 N 型受光层上制作栅状负电极，并在受光面上均匀覆盖很薄的天蓝色一氧化硅膜（抗反射膜），提高对入射光的吸收能力。这种单晶硅光电池是目前应用最广泛的光电池。

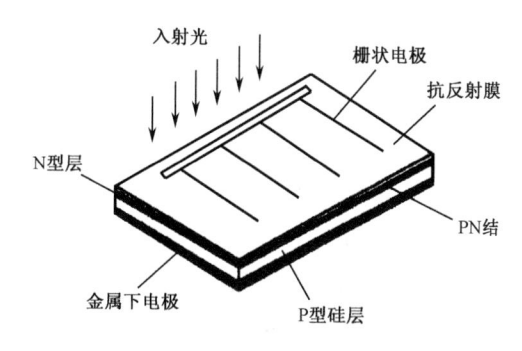

图 3-27 硅光电池的结构

项目 9 光电池的应用

任务引入

电池是我们生活中不可缺少的产品，从电动剃须刀到儿童玩具，从收音机到汽车，无一不用到电池。电池的种类有许多，如铅酸蓄电池、镍镉/镍氢电池、锂电池、锌锰电池等。

除了这些电池之外，还有另外一种不消耗化学能、更为环保的电池——光电池，如图 3-28 所示即为一块光电池。

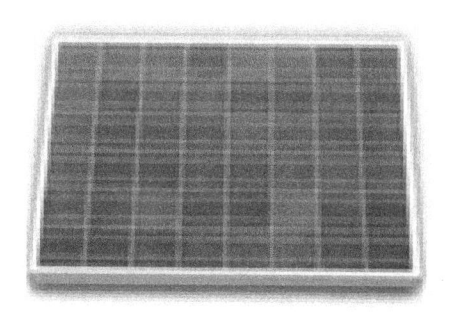

图 3-28 光电池

我们通常能够在商店里看到应用光电池的产品，如图 3-29 所示的光电花和太阳能计算器。本项目中将利用光电池和七彩炫 LED 制作一个简易的七彩灯。

图 3-29　光电池的应用

原理分析

光电池能将入射光的能量转换成电压和电流，属于光生伏特效应元件。光电池是一种自发电式的光电元件，可用于检测光的强弱，以及能引起光强变化的其他非电量。目前应用最广泛的是硅光电池，它具有性能稳定、光谱范围宽、频率特性好、转换效率高、能耐高温辐射等优点。

硅光电池是以在一块 N 型硅片上用扩散的方法掺入一些 P 型杂质而形成的一个大面积 PN 结作为光照敏感面的，如图 3-30 所示。当光照射到 P 区表面时，P 区内每吸收一个光子便产生一个电子—空穴对，P 区表面吸收的光子最多，激发的电子—空穴对也最多，而越往内部则越少。这种浓度差便形成从表面向体内扩散的自然趋势。由于 PN 结内电场的方向是由 N 区指向 P 区的，它使扩散到 PN 结附近的电子—空穴对分离，光生电子被推向 N 区，光生空穴被留在 P 区，从而使 N 区带负电，P 区带正电，形成光生电动势。若用导线连接 P 区和 N 区，电路中就有光电流流过。

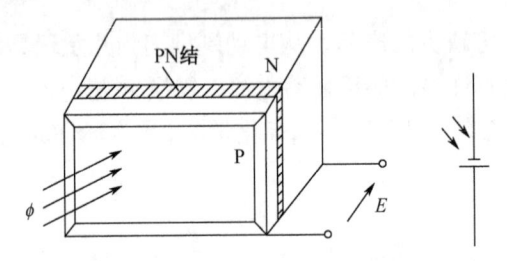

图 3-30　光电池结构及光电池符号

任务实施

1. 制作

该电路的制作过程非常简单。元器件清单见表 3-3，本电路的核心元件是光电池，主要元器件是七彩炫 LED（图 3-31）。

表 3-3　元器件及工具清单

元器件及工具清单	元器件符号或实物图	备　　注
光电池		6V 30mA
发光二极管		七彩炫
导线		ϕ0.1mm
焊枪		25W～40W
焊锡		ϕ0.5 mm

光电池的背面标有正负极，只要用导线将光电池与七彩炫连接到一起，电路就完成了。如果有鳄鱼夹子可以将夹子一头焊到光电池上，另一头夹在七彩炫上，效果是一样的。

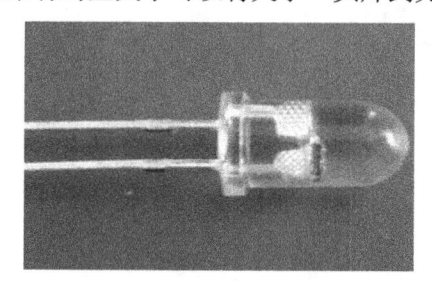

图 3-31　七彩炫 LED

发光二极管的种类有很多，建议大家在这里采用七彩炫 LED。七彩炫 LED 的工作原理是当二极管所加电压不同时，LED 发出的颜色就有所不同，一般的白光和蓝光 LED 点亮电压为 3.6V，红光为 1.8V，绿光为 2.2V。焊接好电路后，我们先将光电池遮挡，可以发现 LED 不亮，之后逐渐增加对光电池的光照强度，可以发现 LED 逐渐点亮。请根据实验写出 LED 发光的颜色顺序，并解释原因。

2．调试

根据电路原理图可以直接制作出电路，将电池指向光源，观察七彩炫的变化，并记录下来。

当光线不足时，首先发红光，光线逐渐变强，发出的颜色逐渐增多（如图 3-32 所示）。如果只能看到三种颜色，那是因为该七彩炫外壳是透明的，需要用砂纸将外壳打磨一下，这样不同颜色混合而成的新颜色才能显现或出来。

注意：（1）光电池的极性；
（2）LED 二极管的极性。
常见问题：二极管不亮，主要原因可能是光线不足或极性接反。
提示：极性接反一般情况下不会损害二极管及光电池。

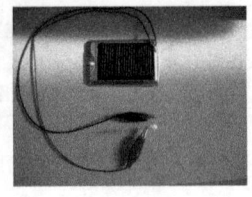

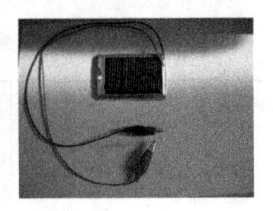

图 3-32 七彩炫发光随光强变化

思考题

图 3-33 中有儿童戴的风扇帽、赛车、滑翔器、路灯、卫生间的烘手器，分析它们中哪个是利用光电池进行工作的？

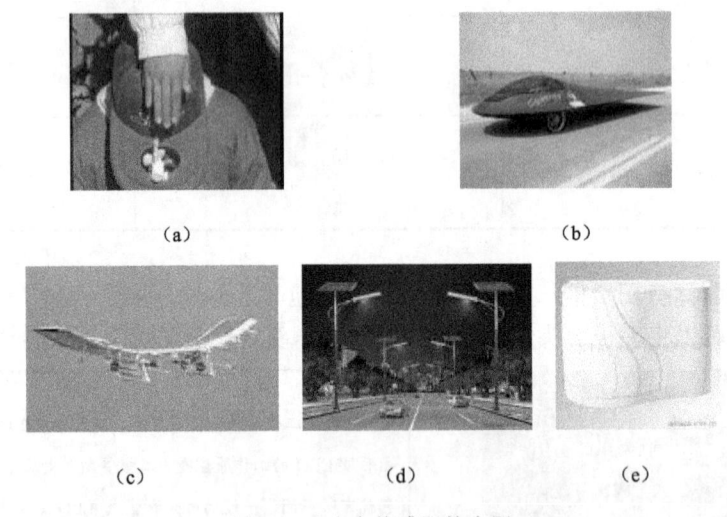

(a)   (b)

(c)   (d)   (e)

图 3-33 光电传感器的应用

阅读材料

太阳能电池的发展历史

太阳能电池已经经过了 160 多年的漫长的发展历史。总的来看，基础研究和技术进步都对其发展起到了积极推进的作用，至今为止，太阳能电池的基本结构和机理没有发生改变。

1839 年，法国实验物理学家 E.Becquerel 发现液体的光生伏特效应，简称为光伏效应。1877 年，W.G.Adams 和 R.E.Day 研究了硒（Se）的光伏效应，并制作出**第一片硒太阳能电池**。1883 年，美国发明家 Charles Fritts 描述了**第一块硒太阳能电池的原理**。德国物理学家爱因斯坦（Albert Einstein）基于 1904 年提出的解释光电效应的理论发表关于**光电效应的论文**，并于 1921 获得诺贝尔（Nobel）物理学奖。1932 年，Udobert 和 Stora 发现硫化镉（**CdS**）的光伏现象。1955 年，西部电工（Western Electric）开始出售硅光伏技术商业专利，在亚利桑那大学召开国际太阳能会议，Hoffman 电子推出效率为 2%的商业太阳能电池产品，电池为 14mW/片，25 美元/片。1958 年，美国信号部队的 T.Mandelkorn 制成 N/P 型单晶硅光伏电池，这种电池抗辐射能力强，这对太空电池很重要；Hoffman 电子的单晶硅电池效率达到 9%；第一个由光伏电池供电的卫星先锋 1 号发射。**1962** 年，第一个商业通信卫星 **Telstar** 发射，所用的太阳能电池功率为 14W。1963 年，Sharp 公司成功生产**光伏电池组件**；日本在一个灯塔安装 242W 光伏电池阵列，在当时是世界最大的光伏电池阵列。1977 年，世界光伏电池安装总量超过 500kW；1979 年，世界太阳能电池安装总量达到 1MW。1980 年，ARCO 太阳能公司是世界上第一个年产量达到 1MW 的光伏电池生产厂家；三洋电气公司利用非晶硅电池率先制成手持式袖珍计算器，接着完成了非晶硅组件批量生产，并进行了户外测试。1983 年，**世界太阳能电池年产量超过 21.3MW**。1991 年，世界太阳能电池年产量超过 55.3MW；瑞士 Gratzel 教授研制的纳米 TiO2 染料敏化太阳能电池效率达到 7%。1992 年世界太阳能电池年产量超过 57.9MW。2004 年，世界太阳能电池年产量超过 1200MW；德国 Fraunhofer ISE 多晶硅太阳能电池效率达到 20.3%；非晶硅太阳能电池占市场份额 4.4%，降为 1999 年的 1/3。2010 年，通过技术突破，太阳能电池成本降低，在世界能源供应中占有一定份额，德国可再生能源发电达到 12.5%；2020 年，太阳能发电成本将与化石发电成本相接近，德国可再生能源占 20%。2030 年，太阳能发电将达到 10%～20%;德国将关闭所有的核电站。预计到 2050 年，太阳能发电利用将占世界能源总能耗的 30%～50%的份额。到 2100 年，以石油、煤炭、天然气为代表的化石能源将枯竭，人类主要应用太阳能、风能、氢能、生物质能等洁净可再生能源，太阳能发电将得到充分利用。

六、红外传感器

自然界中的任何物体，只要其温度高于绝对零度（-273.15℃），都将以电磁波的形式向外辐射能量——热辐射，物体温度越高，辐射出的能量越多，波长越短。例如人体的体温为 36～37℃，所放射的红外波长为 9～10μm（属于远红外线区）；温度在 400～700℃的物体，所放射的红外线波长为 3～5μm（属于中红外线区）。用红外线作为检测媒介来测量某些非电量，这样的传感器叫做红外传感器。红外传感器主要有两种：一种是利用基于黑辐射的红外能量的吸收而产生温度变化的加热型红外传感器，如热释电型红外传感器和热电堆等；另一种是利用因由入射光能量激励的电子而产生的电导率变化或者电动势的量子型红外传感器，包括光敏二极管和光敏电阻等。

热释电型红外传感器是利用热释电效应而制作的红外传感器。所谓热释电效应，就是由于温度的变化而产生电荷的一种现象。近年来，热释电型红外传感器在家庭自动化、保安系统以及节能等领域应用广泛。图 3-34 为热释电红外传感器元件。

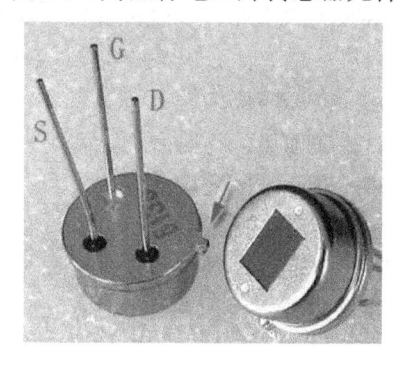

图 3-34 热释电红外传感器

项目 10　红外遥控测试仪

任务引入

在《动物世界》中，我们经常能看到夜间拍摄的动物的作息活动（图 3-35），在漆黑的夜里，所拍摄动物的每一个细节都清晰可见，夜间拍摄是怎样实现的呢？好莱坞大片中我们经常看到对于一些价值不菲的宝贝，用一道难以察觉的防线进行严格看护，一旦有人入侵立刻报警。能实现上述这些功能应用的就是红外线。红外线是一种不可见光线，其波长超过红光的最大波长（0.76~400μm），具有光的反射及折射现象等物理特性。

图 3-35　红外摄影机

原理分析

日常生活中，我们都曾应用红外遥控器进行远、近距离遥控，如图 3-36 所示为红外遥控器，像我们平时使用的家用电器的遥控器、遥控玩具、车库遥控器等，是怎样实现远距离遥控的？本项目我们就揭开远距离遥控的小秘密。红外线在实际应用中通常有两种类型：遮断式和反射式。发射器和接收器相对，当有红外光束产生，接收器接收到红外线而产生正的脉冲信号，这是遮断式。发射器和接收器同侧放置，当有红外光束产生，通过其他物体反射使接收器接收到红外线而产生正的脉冲信号，这是反射式。红外遥控测试仪电路主要应用红外线具有光沿直线传播的物理特性，是遮断式的实际应用。红外遥控测试仪主要由红外线发射端（即遥控器）和红外线接收端（即电视机接收头）组成。红外线发射信号，由电视机接收头接收信号、输出信号，经三极管 VT 功率放大后使发光二极管 LED_1、LED_2 同时点亮，如图 3-37 所示为红外遥控测试仪电路原理图。

第三章 光电传感器

图 3-36 红外遥控器

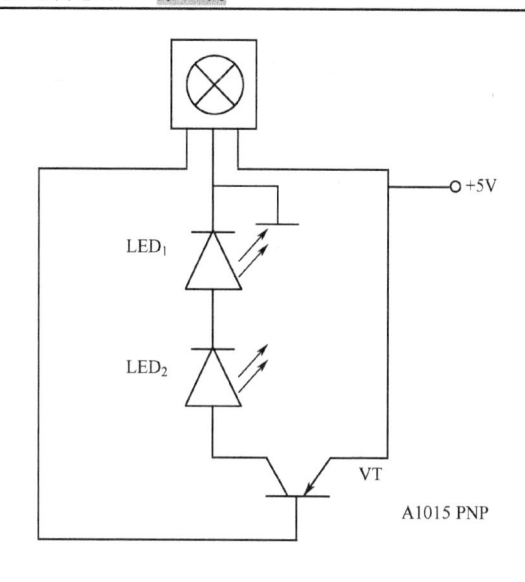

图 3-37 红外遥控测试仪电路原理图

任务实施

1. 准备阶段

制作红外遥控测试仪电路所需的元件清单见表 3-4，本电路的核心元件是电视机接收头（即红外接收器），其各引脚功能如图 3-38 所示。主要元器件如图 3-39 所示。

表 3-4 红外遥控测试仪元器件清单列表

元 器 件		说　　明
遥控器		红外线发射
电视机接收头	A	红外线接收
发光二极管	LED1	$\phi 3 \sim \phi 5$
	LED2	
三极管	VT	PNP　A1015

1-output　2-GND　3-VCC

图 3-38 红外接收器引脚功能图

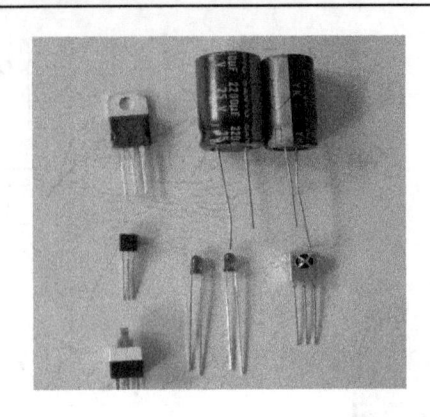

图 3-39 红外遥控测试仪主要元器件

2．制作步骤

（1）本项目中需要注意的是 LED 和三极管 A1015 极性的判断。在项目 9 中已经介绍了 LED 极性的判断方式，本项目不再赘述。

PNP 型三极管 A1015 极性的判断同普通 PNP 型三极管判断方式相同。采用机械万用表的欧姆挡 R×100 或 R×1k 挡位，首先判别三极管时应先确认基极。对于 PNP 管，用红表笔接假定的基极，用黑表笔分别接触另外两个极，若测得电阻都小，约为几百欧～几千欧；而将黑、红两表笔对调，测得电阻均较大，在几百千欧以上，此时红表笔接的就是基极。通常小功率管的基极一般排列在三个管脚的中间，采用上述方法，分别将黑、红表笔接基极，同时可测定三极管的两个 PN 结是否完好。确定基极后，假设余下管脚之一为集电极 c，另一为发射极 e，用手指分别捏住 c 极与 b 极（即用手指代替基极电阻 R_b）。同时，将万用表两表笔分别与 c、e 接触，若被测管为 PNP，则用红表笔接触 c 极、用黑表笔接 e 极（NPN 管相反），观察指针偏转角度；然后再设另一管脚为 c 极，重复以上过程，比较两次测量指针的偏转角度，大的一次表明 I_C 大，管子处于放大状态，相应假设的 c、e 极正确。

在今后的电路应用中，读者可熟记三极管 A1015 引脚极性，如图 3-40 所示，直接应用。

（2）根据电路原理图结合实物完成红外遥控测试仪电路布局。实物布局图如图 3-41 所示，供读者参考。

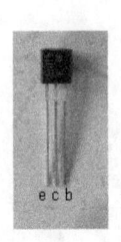

图 3-40 三极管 A1015 引脚极性　　图 3-41 实物布局图参考图

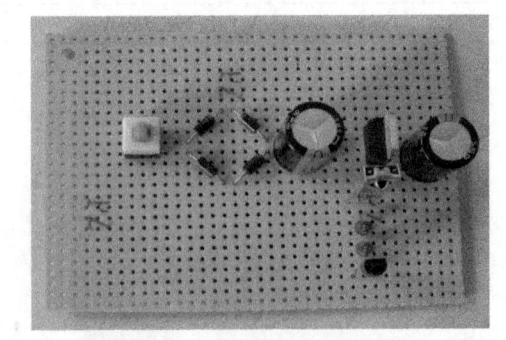

（3）元器件焊接

在焊接元器件时，要注意合理布局，先焊小元件，后焊大元件，防止小元件插接后掉下来的现象发生。

(4) 焊接完成后先自查，然后请教师检查。如有问题，修改完毕，再请教师检查。

(5) 通电并调试电路

本电路结构简单无须过多调试，电路连接无误即可通电试验电路功能。调试过程中常见问题：①电路不工作，可能是因为元器件连接错误。②三极管发热，可能是因为管脚接错。

3. 制作注意事项

(1) LED 的极性；

(2) 三极管的极性；

(3) 接收头的极性。

4. 完成实训报告

思考题

如果电路中应用红外线反射型，对电路有什么影响？怎样实现？

阅读材料

红外辐射是由物体内部分子转动和振动而产生的，因此，在自然界中，任何高于绝对零度（-273.15℃）的物体都是红外辐射源。辐射能量的主波长是温度的函数，并与物体表面状态有关，物体的温度越高，发射的红外辐射就越多。红外传感器是一种能够检测物体辐射的红外线，并将其转换成电信号的敏感器件。红外技术目前在科技、国防和工农业等领域获得了广泛的应用，应用红外传感器可以实现非接触式的温度测量、气体成分分析、无损探伤、热像检测、红外遥感以及军事目标的侦察、搜索、跟踪和通信等。

红外传感器根据其所依据的物理效应和工作原理的不同可分为热电型（热敏）和量子型（光敏）两大类。

1. 热电型红外传感器

热电型红外传感器包括热电偶式、电容式和热释电式等，它们是利用红外辐射的热效应工作的，即采用热敏元件首先把红外光能量转换成本身温度的变化，然后利用热电效应产生相应的电信号。热电型红外传感器一般灵敏度低、响应速度慢（在毫秒数量级），但它具有不需冷却可在常温下使用、响应红外光谱范围宽和价格便宜等优点。

2. 量子型红外传感器

量子型红外传感器包括光电导式、光生伏特效应式、光磁电式等，它们是利用红外辐射的光电效应工作的，即采用光敏元件直接把红外光能转换成电能，其灵敏度高、响应速度快，一般在纳秒数量级，但其红外波长响应范围窄，有的还要在低温条件下才能使用。量子型红外传感器广泛应用在遥感、成像等方面。

第四章　气体传感器

现代生产生活中排放的气体日益增多，这些气体中有些是易燃、易爆气体（如氢气、煤矿瓦斯、天然气、液化石油气等），有些是对人体有害的气体（如一氧化碳、氨气等）。为了保护人类赖以生存的自然环境，防止不幸事故的发生，需要对各种有害、可燃性气体在环境中存在的情况进行有效地监控。

气体传感器是一种将检测到的气体的成分与浓度转换为电信号的传感器。根据这些电信号的强弱，可以获得与待测气体在环境中存在情况有关的信息，从而可以进行检测、监控、报警；还可以通过接口电路与计算机组成自动检测、控制和报警系统。

目前，市场上的气体传感器主要有以下几种：接触燃烧型气体传感器、热传导式气体传感器、化学反应式气体传感器、半导体气体传感器。

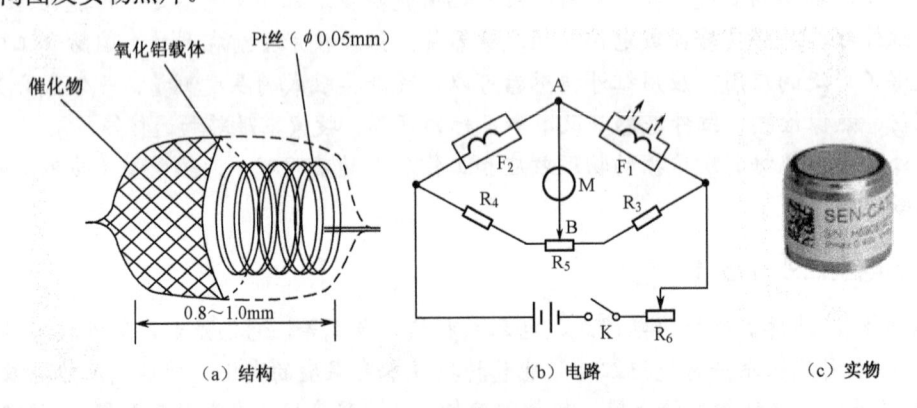

1. 接触燃烧型气体传感器

接触燃烧型气体传感器是利用与被测气体（可燃性气体）发生化学反应时产生的热量与气体浓度的关系进行检测的传感器。这种传感器一般应用于石油化工、造船厂、矿山及隧道等场所，用来检测可燃性气体的浓度及防止危险事故的发生。图 4-1 为接触燃烧型气体传感器的结构图及实物照片。

（a）结构　　　　（b）电路　　　　（c）实物

图 4-1　接触燃烧型气体传感器

接触燃烧型气体传感器的敏感元件是用高纯度的铂丝绕制成的线圈，传感器工作时，铂丝先起加热作用，可燃性气体一旦与预先加热的传感器表面相接触，就会发生燃烧现象，这时传感器的温度上升，铂丝线圈的电阻值增大。如果气体浓度较低，而且是完全燃烧的，则铂丝电阻的变化与温度的变化成正比。接触燃烧型气体传感器的工作电路一般接成电桥型。图 4-1（b）中 F_1 是检测元件，F_2 是补偿元件，其作用是补偿可燃性气体接触燃烧以外的环境温度、电源电压变化等因素所引起的偏差。工作时，要求在 F_1 和 F_2 上保持 100～200mA 的电流通过，以供可燃性气体在检测元件 F_1 上发生接触燃烧所需的热量。当检测元件 F_1 与可燃性气体接触时，由于剧烈的氧化作用（燃烧），释放出热量，使得检测元件的温度上升，电阻值相应增大，桥式电路不再平衡，在 A、B 间产生电位差。

接触燃烧型气体传感器价格低廉、精度高、但灵敏度较低，适合于检测可燃性气体，不适合检测像一氧化碳这样的有毒气体。

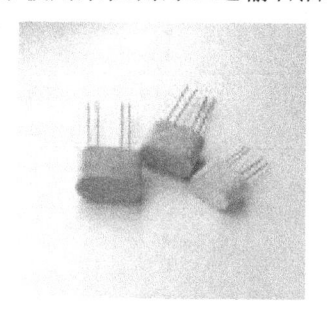

2. 热传导式气体传感器

热传导式气体传感器主要用来检测混合气体中的氢气、二氧化碳、二氧化硫等气体的含量或上述气体中杂质的含量。在流动的空气中放入一些比气体温度高的物体，气体会从物体中吸取热量。气体的热传导率（材料直接传导热量的能力称为热传导率，或称热导率）越大，吸收的热量也越多。假如导热系数以空气为基准，则氢气相对空气的导热系数为 7.15，氧气为 1.013，二氧化碳为 0.605。由此可以看出氢气是热的良导体，而二氧化碳是热的不良导体。热传导式气体传感器就是用这样的原理来对气体的浓度进行测量的。图 4-2 为热传导式气体传感器。热传导式气体传感器经常被用来检测海上运输石油的船只，以确保运输的安全。

图 4-2 热传导式气体传感器

3. 化学反应式气体传感器

化学反应式气体传感器是检测通过化学溶剂与气体的反应所产生的电流、颜色、电导率的变化的一种气体传感器。这类传感器的气体选择性好，但是不能重复使用，通常情况下可以用它来检测一氧化碳、氢气、甲烷、乙醇等。

4. 半导体气体传感器

气体传感器可以检测有毒气体或是酒精等各种气体。其检测方式虽然有很多，但是基于使用时的方便程度和使用寿命等因素的考虑，半导体气体传感器应用得最为普遍。

半导体气体传感器是利用由于气体吸附而使半导体本身的电阻值发生变化这一特性制作的传感器，常用的半导体有氧化锡、氧化锌和氧化铁。半导体气体传感器具有结构简单、使用方便、工作寿命长等特点，多用于气体的粗略鉴别和定性分析。对于某些危害健康，容易引起窒息、中毒或易燃易爆的气体，最应引起注意的是这类有害气体的有无或其含量是否达到危险程度，并不一定要求精确测定其成分，因此廉价、简单的半导体气体传感器恰恰满足了这样的需求。半导体气体传感器一般不用于对气体成分的精确分析，而且这类敏感元件对气体的选择性比较差，往往只能检查某类气体存在与否，不一定能确切分辨出是哪一种气体。

图 4-3 为各种气体传感器图片。半导体气体传感器的分类见表 4-1。

图 4-3　各种气体传感器

表 4-1　半导体气体传感器的分类

主要物理特性	类　　型	检测气体	气敏元件
电阻型	表面控制型	可燃性气体	氧化锡、氧化锌等的烧结体、薄膜、厚膜
	体控制型	酒精、可燃性气体、氧气	氧化镁、氧化锡、氧化钛（烧结体）
非电阻型	二极管整流特性	氢气、一氧化碳、酒精	铂—硫化镉 铂—氧化钛 （金属—半导体结型二极管）
	晶体管特性	氢气、硫化氢	铂栅、钯栅 MOS 场效应晶体管

电阻型气体传感器一般由三部分组成：敏感元件、加热器和外壳。按其制作工艺来分有烧结型、薄膜型和厚膜型三种，目前应用最广泛的是烧结型。

5．通用型气体传感器

通用型气体传感器的工作原理是：周围的环境气氛中如果存在还原性气体成分，测气探头的电阻值就会下降，这样就可以检测出各种还原性气体。典型的通用型气体传感器有 MQ 系列。图 4-4～图 4-7 为各种气体传感器的外观形貌。

MQ-2、MQ-5、MQ-6 是典型的通用型气体传感器，主要用来检测可燃性气体、瓦斯气体及液化气，用户可以通过其侧边上的标识获知该传感器的型号，如图 4-4 所示为瓦斯气体传感器。

MQ-3 为酒精气体传感器，主要用来检测酒精类的有机溶液，可以应用于机动车驾驶人员是否酗酒及其他严禁酒后作业人员的现场检测或是用于乙醇蒸汽的检测。MQ-3 对乙醇蒸汽有很高的灵敏度和良好的选择性，且可靠稳定、使用寿命长。

图 4-4 瓦斯气体传感器 MQ-5

图 4-5 酒精气体传感器 MQ-3

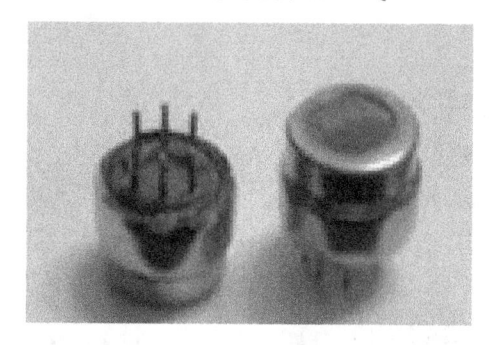

图 4-6 一氧化碳气体传感器 MQ-7

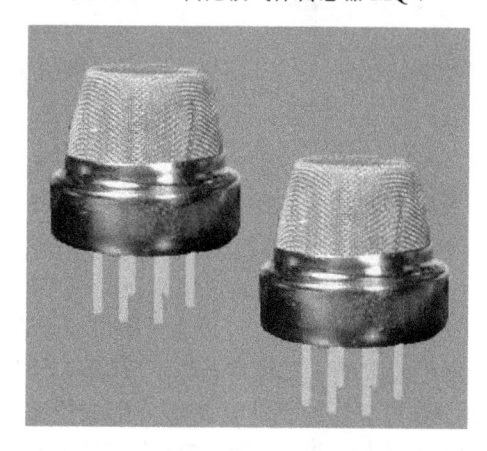

图 4-7 氧气气体传感器 MQ-8

6. 耗电量小的省电型厚膜气体传感器

利用厚膜印刷技术可以实现气体传感器的小型化，由此可以降低加热器（位于传感器的内侧）的耗电量。

在一块基片上形成多种气体传感器的复合传感器，能够达到利用一个传感器检测多种气体的目的。用这种方法可以工业化生产高精度的传感器。

项目 11　酒精检测仪

任务引入

2008 年，世界卫生组织的事故调查显示，大约 50%～60%的交通事故与酒后驾驶有关，酒驾已经被列为车祸致死的主要原因。在中国，每年由于酒后驾驶引发的交通事故达数万起，而造成死亡的事故中 50%以上都与酒后驾车有关，酒后驾车的危害触目惊心，已经成为交通事故的第一大"杀手"（图 4-8）。怎样判别酒后驾驶？按照规定，驾驶人员血液中的酒精含量大于或等于 20mg/100ml、小于 80mg/100ml 即为酒后驾车。

酒精检测仪是专门为警察设计的一款执法用检测工具。通过它可以检测驾驶员呼出气体中酒精含量多少，执勤民警可用来对饮酒司机的醉酒程度进行判断，有效减少重大交通事故的发生。如图 4-9 所示为日常生活中使用的酒精检测仪。

图 4-8　酒后驾驶的危害　　　　图 4-9　酒精检测仪

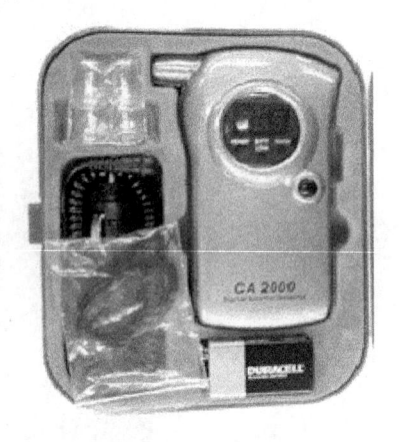

原理分析

本项目中，我们制作一个酒精检测仪电路，可以用来判别驾驶员是否酒后驾驶。电路中采用酒精气体传感器 MQ-3 作为敏感元件，若检测到酒精气味，则气体传感器 MQ-3 引脚 A-B 间电阻变小，电位器 RP 的滑动端电位升高。通过集成驱动器 IC 对信号进行比较放大，从而驱动发光二极管显示。气体传感器的输出电压信号送至集成驱动器 IC 的输入端 5 脚，通过比较放大，当电压信号的电位高于输入端 5 脚的电位时，输出高电平，对应的 LED 发光，指示当前酒精的浓度级别。例如，将该电路的气体传感器分别放置在白水、啤酒、白酒、黄酒的浓度环境下，将它们靠近酒精气体传感器，通过 LED 点亮的多少可以知道酒精浓度大小的大概范围：LED 点亮越少，酒精浓度越低；LED 点亮越多，酒精浓度越高。这个电路中，我们应用的气体传感器 MQ-3 是酒精类型的。酒精检测仪电路如图 4-10 所示。

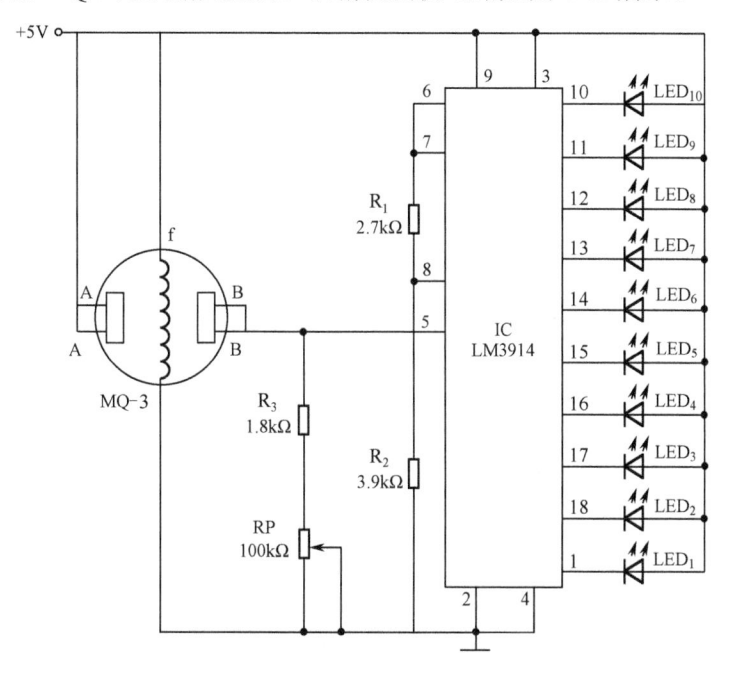

图 4-10　酒精检测仪电路图

任务实施

1. 准备阶段

制作酒精检测仪电路的元器件清单见表 4-2，本电路的核心元件是气体传感器 MQ-3，电路中集成块 LM3914 是美国国家半导体公司生产的 LED 条图驱动器，采用 18 脚双列直插式，电源电压范围是 3～25V，主要包括 1.25V 基准电压 E0、10 个电压比较器，其各引脚功能如图 4-11 所示。电路主要元器件如图 4-12 所示。

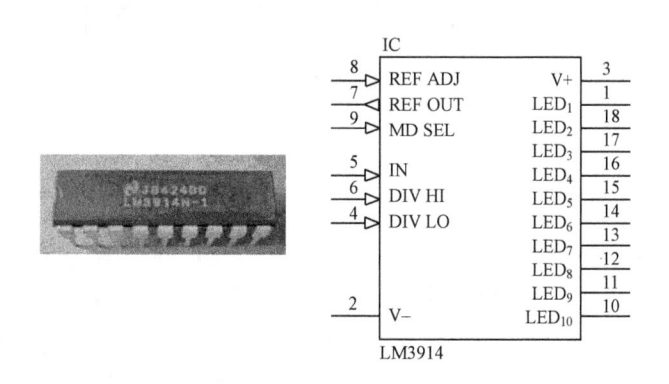

图 4-11　LM3914 引脚功能

表 4-2 酒精检测仪元器件清单列表

元 器 件		说 明
气体传感器	Q	MQ-3
集成驱动器	IC	LM3914
电阻	R_1	2.4kΩ
	R_2	18kΩ
	R_3	2.7kΩ
发光二极管	LED_1	φ3～φ5
	LED_2	
	LED_3	
	LED_4	
	LED_5	
	LED_6	
	LED_7	
	LED_8	
	LED_9	
	LED_{10}	
电位器	RP	100kΩ

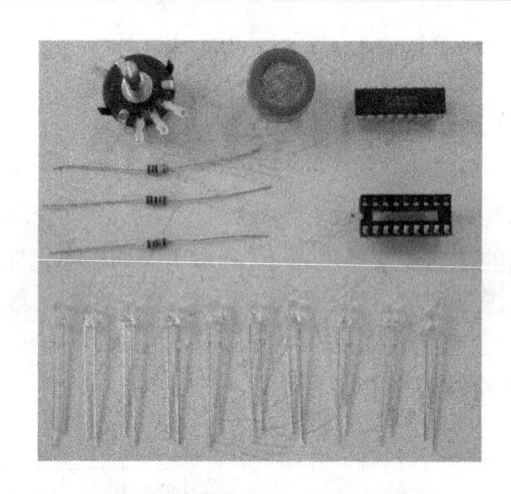

图 4-12 酒精检测仪主要元器件

2．制作步骤

（1）气体传感器 MQ-3 的测量

气体传感器 MQ-3 的结构和外形如图 4-13 所示，由微型 Al_2O_3 陶瓷管、SnO_2 敏感层、测量电极和加热器构成。敏感元件固定在由塑料或不锈钢制成的腔体内，加热器为气敏元件提供了必要的工作条件。封装好的气敏元件有 6 只针状管脚，其中四个用于信号取出（引脚 1、2、3、4），两个用于提供加热电流（引脚 5、6）。其中引脚 A 功能相同，引脚 B 功能相同，引脚 H 功能相同。

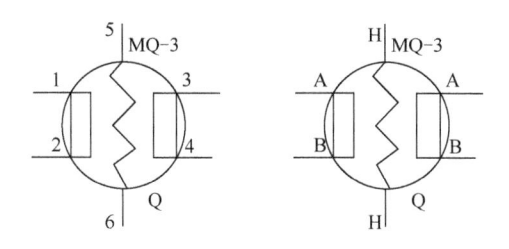

图 4-13 气敏传感器 MQ-3 结构图

对于气体传感器 MQ-3，测量前首先要搭接标准测量回路，该测量回路由两部分组成，如图 4-14 所示。一部分为加热回路，加热器电阻为 33Ω±5%，由稳定的交流或直流电源供电，电源电压为 5±0.1V。另一部分为信号输出回路，信号从 R_L，的两端输出，其中 R_L=200kΩ。将连接好的电路置于检测环境下，用万用表测量 R_L 两端电压可以发现数值的变化，由此可以准确反映传感器表面电阻的变化。

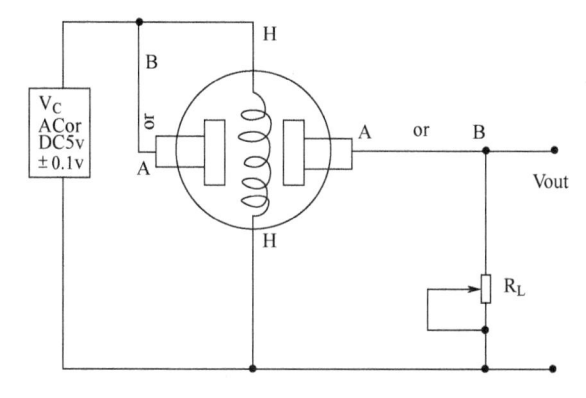

图 4-14 气体传感器 MQ-3 测量回路   图 4-15 实物布局图参考图

气体传感器 MQ-3 所使用的气敏材料是在清洁空气中电导率较低的二氧化锡（SnO_2）。当传感器所处环境中存在酒精蒸气时，传感器的电导率随空气中酒精气体浓度的增加而增大。使用简单的电路即可将电导率的变化转换为与该气体浓度相对应的输出信号。气体传感器 MQ-3 对酒精的灵敏度高，可以抵抗汽油、烟雾、水蒸气的干扰。这种传感器可检测多种浓度酒精气体，是一款适合多种应用的低成本传感器。

（2）酒精检测仪电路布局设计（请将布局图画在布局用纸上）。实物布局图如图 4-15 所示，供读者参考。

（3）元器件焊接

在焊接元器件时，要合理布局，需要注意的是焊接集成块时只能先焊上管脚座，不能带集成块一起焊接，否则可能损坏集成块。先焊小元件，后焊大元件，防止小元件插接后掉下来的现象发生。

（4）焊接完成后先自查，然后请教师检查。如有问题，修改完毕，再请教师检查。

（5）通电并调试电路

给电路接上电源，电路制作正确时，发光二极管灯全不亮，不发生冒烟等异常现象。将含有一定浓度酒精气体的物品靠近气体传感器 MQ-3，发光二极管 LED_1 灯亮，随着酒精气体浓度的不断增加，LED 灯依次点亮。

若电路不工作，主要是因为集成块安装反或者气体传感器 MQ-3 接错；若电路中个别发光二极管不亮，可能是阴阳极接错。

3．制作注意事项

（1）气体传感器工作电压要达到 5V 以上，否则传感器不工作，因此注意电压一定要调节到位。

（2）保证发光二极管 LED 的极性的正确性。

（3）集成块的管脚顺序正确，在电路完成之前不要将集成块插入管脚座。

（4）气体传感器 MQ-3 的管脚。

4．完成实训报告

思考题

在电路中，电位器 RP 的作用是什么？如果换成小阻值的电位器对电路有什么影响？如果换成大阻值的对电路又有什么影响？

阅读材料

中国台湾学生发明可测酒精度的摩托车安全帽

台北市一所学校在科技展中推出多项防止和应对意外事故的小发明，其中引人注目的是可以测酒精度的摩托车安全帽，帽后还加装了方向及刹车灯。

据媒体报道，该安全帽集成了标定摩托车发生意外事故正确位置的"GPS 卫星定位"，紧急发出事故求援信号的"卫星传输信息"，以及主动通知酒精浓度超过标准值驾驶员的家人、预防酒后驾车发生车祸的"酒精浓度检测及通报系统"等功能，使得小小一顶摩托车安全帽扮演起全方位守护神的角色。

项目 12　瓦斯报警器

任务引入

人类生活中离不开火，直到今天煤气罐、炉子、天然气仍为家庭生活所常用，然而煤气中毒、煤矿瓦斯爆炸屡见不鲜，为了防止这类惨剧的发生，技术人员发明了瓦斯报警装置。如图 4-16 所示为瓦斯报警器，其主要作用是预防瓦斯泄漏。瓦斯报警器电路应用的传感器是气体传感器 MQ-5 或 MQ-6。本项目为制作一个瓦斯报警器。

原理分析

如图 4-17 所示即为要制作的瓦斯报警器电路，该电路中，由气敏元件 MQ-5 和电位器 RP 组成气体检测电路，时基电路 555 和其外

图 4-16　瓦斯报警器

围元件组成多谐振荡器。当无瓦斯气体时，气敏元件 A、B 间的电导率很小，电位器 RP 滑动触点的输出电压小于 0.7V，555 集成电路的 4 脚被强行复位，振荡器处于不工作状态，扬声器不发出响声。当周围空气中有瓦斯气体时，A、B 间的电导率迅速增加，555 集成电路 4 脚变为高电平，振荡器电路起振，扬声器发出报警声，提醒人们采取相应的措施，防止事故的发生。

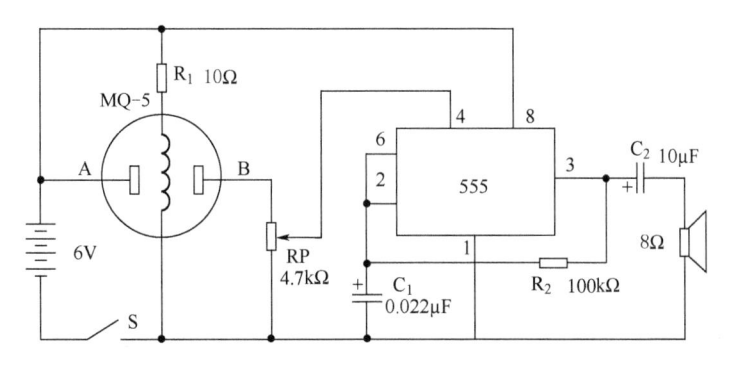

图 4-17 瓦斯报警器电路原理图

任务实施

1. 准备阶段

制作这个电路所需的元件清单见表 4-3。其散件图片如图 4-18 所示，本电路的核心元件是气体传感器 MQ-5，主要元器件是 555 时基电路，其中，555 各引脚功能如图 4-19 所示。

表 4-3 瓦斯报警器电路元件清单列表

元 器 件		说 明
气敏电阻		MQ-5
滑动变阻器	RP	4.7kΩ
IC		555
电阻	R_1	10Ω
	R_2	100kΩ
电容	C_1	0.022 μF
	C_2	10μF
扬声器		8Ω25W

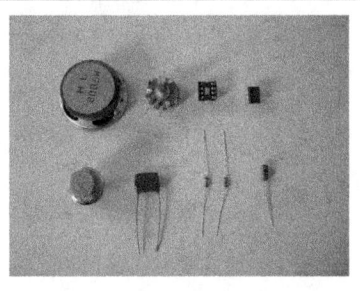

图 4-18 瓦斯报警器电路散件

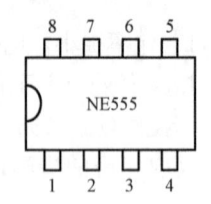

1号引脚	地	5号引脚	控制电压
2号引脚	触发	6号引脚	门限电压（阈值电压）
3号引脚	输出	7号引脚	放电
4号引脚	复位	8号引脚	电源

图 4-19 555 电路各引脚功能图

2．制作步骤

（1）气体传感器测量

在使用元件前，通常都会对主要元器件进行好坏的测量，那么，如何来测量气体传感器的性能呢？

气体传感器的测量不能仅通过一块万用表或是单一的工具完成。在测量前首先要搭接标准测试回路，该测量回路由两部分组成，如图 4-20 所示：一部分为加热回路，加热器电阻为 $33\Omega\pm5\%$，由稳定的交流或直流电源供电，电源电压 $U_H=5\pm0.1V$；另一部分为信号输出回路，它由传感器表面电阻（A、B 之间的电阻）和外接负载电阻 R_L 及电源 U_C 串联而成，规定 $U_C=10V$，也要求用稳定的交流或直流电压。信号从 R_L 的两端输出。将连接好的电路置于检测环境下，用万用表测量 R_L 两端电压可以发现数值的变化（图 4-21），由此可以准确反映传感器表面电阻的变化。

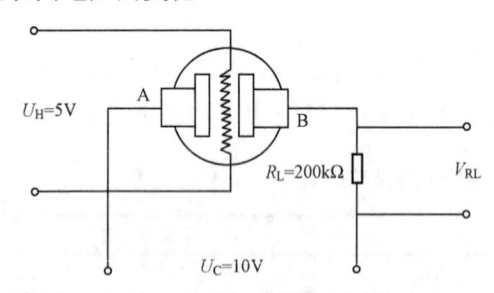

图 4-20 气体传感器测量电路

图 4-21 测量电路实物图

（2）瓦斯报警器电路布局设计（请将布局图画在布局设计用纸上）。

实物布局图如图 4-22 所示，供读者参考。

图 4-22 实物布局图参考图

（3）元器件焊接

焊接集成块时，只能焊上管脚座，不能带集成块一起焊接，否则可能损坏集成块。除此之外，焊接时要先焊小元件，后焊大元件，防止小元件插接后掉下来的现象发生。

（4）焊接完成后先自查，然后请教师检查。如有问题，修改完毕，再请教师检查。

（5）通电并调试电路

给电路接上电源，当电路制作正确时，首先应该能听到扬声器报警的声音，如没有响声或声音不大，可以通过旋动电位器按钮进行调节，如有以上现象说明 555 及其外围电路安装正确。将电路调节到扬声器刚好不工作的状态（也就是只要稍稍旋动一点电位器按钮，扬声器就工作）接下来可以用打火机中的天然气进行电路测试，微微按动打火按钮，释放出一定气体给 MQ-5，你就可以听到扬声器报警的声音了。

注意：气体传感器的工作电压要达到 5V 以上，否则传感器不工作，因此电压一定要调节到位。调节电路时，在接好电源的前提下，首先调节滑动变阻器，使扬声器发出响声，之后转动旋钮，使扬声器刚好停止报警，然后再将电路置于有瓦斯气体的环境中。

3．制作注意事项

（1）气敏元件的极性；
（2）电解电容的极性；
（3）555 集成电路的管脚排序；
（4）在全部电路焊接完成并检查之后，将 555 插入管脚座。

4．完成实训报告

常见问题：无报警，可能是因为集成块安装反了。

思考题

如果将 MQ-5 换成 MQ-6 会对电路产生什么影响？

阅读材料

气体传感器被广泛应用在生产生活中，它是一种能检测气体浓度、成分，并把它转换成电信号的器件。气体传感器主要检测对象和应用场所见表 4-4。

表 4-4 气体传感器主要检测对象及其应用场所

分　类	检测对象气体	应 用 场 合
易燃易爆气体	液化石油气、焦炉煤气、发生炉煤气、天然气	家庭
	甲烷	煤矿
	氢气	冶金、实验室
有毒气体	一氧化碳（不完全燃烧的煤气）	煤气灶等
	硫化氢、含硫的有机化合物	石油工业、制药厂
	卤素、卤化物和氨气等	冶炼厂、化肥厂

续表

分　类	检测对象气体	应 用 场 合
环境气体	氧气（缺氧）	地下工程、家庭
	水蒸气（调节湿度，防止结露）	电子设备、汽车和温室等
	大气污染（SO_X，NO_X，Cl_2等）	工业区
工业气体	燃烧过程气体控制，调节燃/空比	内燃机、锅炉
	一氧化碳（防止不完全燃烧）	内燃机、冶炼厂
	水蒸气（食品加工）	电子灶
其他用途	烟雾、司机呼出的酒精	火灾预报、事故预报

第五章　湿度传感器

湿度是表示空气中水蒸气多少的物理量，常用绝对湿度、相对湿度、露点等表示。绝对湿度表示的是单位体积中水蒸气的质量，单位为克每立方米（g/m³）。与绝对湿度对应的是相对湿度。相对湿度 H 是用空气中的水蒸气压力 P 与相同空气中、相同温度下饱和水蒸气的压力 P_S 之比来表示的，其关系式为 $H=P/P_S$，通常用百分比%RH 表示。相对湿度给出空气的潮湿程度，它是一个无量纲的量。例如，当空气中所含有的水蒸气的压强相同时，在炎热的夏天中午，气温约 35℃，人们并不感到潮湿，因为此时远未达到水蒸气饱和气压，物体中的水分还能够继续蒸发；而在较冷的秋天，气温约 15℃，人们却会感到潮湿，因为这时的水蒸气压已经达到过饱和，水分不但不能蒸发，而且还要凝结成水。所以我们把空气中实际所含有的水蒸气的密度 ρ_1 与同温度时饱和水蒸气密度 ρ_2 的百分比 $P_1/P_2×100\%$ 叫作相对湿度，生活中衡量湿度的大小一般都用相对湿度。而露点是指大气中原来所含有的未饱和水蒸气变成饱和水蒸气所必须降低的温度值。当大气中的未饱和水蒸气接触到温度较低的物体时，就会使大气中的未饱和水蒸气达到或接近饱和状态，在这些物体上凝结成水滴，这种现象被称为结露，对电子设备和产品有害。结露传感器常应用于摄像机和传真机等设备上。结露传感器是在有露水凝结的高湿度场合下，能够感知到电阻值大幅度变化的传感器，可以在相对湿度为 94%～100%的场合下使用。当相对湿度达到 94%以上时，电阻值产生开关式的上升，因此可以高灵敏度而又准确地检测出结露状态。而且，在使用湿度传感器时，通常都是用交流电压供电；而在使用结露传感器时，可以用直流电压驱动，因此其驱动电路的特点就是结构简单。

什么是湿度传感器？湿度传感器有哪几种？各有什么用途？

湿度传感器是由湿敏元件和转换电路等组成，将环境湿度变换为电信号的装置。按传感器的输出信号又可分为电阻型、电容型、电抗型和频率型等，其中电阻型最多。按湿敏元件工作机理来分，可分为水分子亲和力型和非水分子亲和力型两大类，其中水分子亲和力型应用更为广泛；按材料分，可分为陶瓷型、有机高分子型、半导体型和电解质型等。但市场上的湿度传感器主要是按照探测功能分为以下三种。

一、检测绝对湿度的绝对湿度传感器

绝对温度传感器是使用微小的 PSB 热敏电阻作为感应元件的，因此具有高稳定性，可用于工业产品和小家电产品的湿度探测和控制元件（图 5-1～图 5-4）。HS-5、HS-6、HS-7 均为绝对湿度传感器。HS-5 型传感器可用于 200℃高温及恶劣的条件下。HS-5 由金属网罩覆盖，HS-6 由聚乙烯多孔罩代替网罩，而 HS-7 由金属网罩和多孔聚乙烯罩覆盖。绝对湿度传感器主要应用在烘干机等产品中。

图 5-1　芝浦 HS-5 系列绝对湿度传感器 　　图 5-2　芝浦 HS-6 系列绝对湿度传感器

图 5-3　芝浦 HS-7 系列绝对湿度传感器 　　图 5-4　绝对湿度传感器 CHS-1

二、检测相对湿度的相对湿度传感器

1. 电阻型相对湿度传感器

电阻型相对湿度传感器是一种通用型相对湿度传感器，通常情况下相对湿度传感器可使用的湿度范围都在 20%～95%。高耐水性的相对湿度传感器可以在 20%～100%的相对湿度下使用，即使是在农业塑料大棚和洗澡间的换风扇之类有露水凝结的环境条件下也可以使用。图 5-5 为电阻型相对湿度传感器。图 5-6 为电阻型相对湿度传感器模块 AM1001，将在项目 14 中向读者详细介绍。

图 5-5　电阻型相对温度传感器 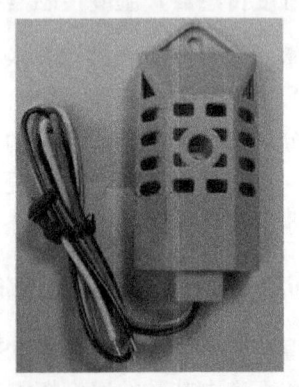　　图 5-6　电阻型相对湿度传感器模块 AM1001

2. 电容型相对湿度传感器

高分子电容型相对湿度传感器是利用高分子材料（聚苯乙烯、聚酰亚胺、酪酸醋酸纤维等）吸水后，其介电常数发生变化的特性进行工作的，其结构如图 5-7 所示，它是在绝缘衬

底上制作一对平板金（Au）电极，然后在上面涂敷一层均匀的高分子感湿膜作为电介质，在表层以镀膜的方法制作多孔浮置电极（Au 膜电极），形成串联电容。由于高分子薄膜上的电极是很薄的金属微孔蒸发膜，水分子可以通过两端的电极被水分子薄膜吸附或释放，当高分子薄膜吸附水分后，由于高分子介质的介电常数（3~6）远远小于水的介电常数（81），所以介质中水的成分对总介电常数的影响比较大，使元件总电容发生变化，因此只要检测出电容即可测得相对湿度。

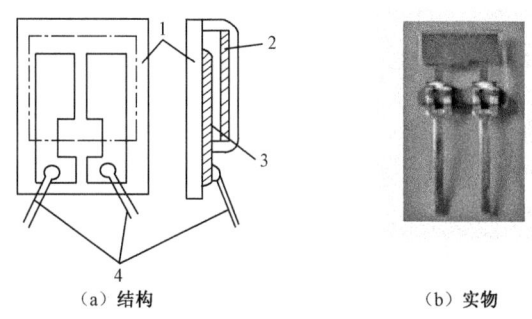

（a）结构　　　　　　（b）实物

1—微晶玻璃衬底；2—多孔浮置电极；3—高分子薄膜；4—电极引脚

图 5-7　高分子电容型相对湿度传感器

由于电容型相对湿度传感器的湿度检测范围宽、线性好，因此很多湿度计都用它作为传感器件。

电容型相对湿度传感器是通过湿度改变电容介电常数的方式进行物理量转换的传感器元件（图 5-8~5-10）。例如，在农业上，以前经常手工判断玉米含水量，现在可以应用电容型相对湿度传感器将大量玉米放入两极板间，因为玉米含水量大，所以改变了介电常数，于是引起电容值的变化。

图 5-8　电容型相对湿度传感器

图 5-9　电容型相对湿度传感器模块电路 　　图 5-10　电容型相对湿度传感器模块电路

3. 陶瓷型相对湿度传感器

一般来说，湿度传感器长时间处于高湿环境下，性能会劣化，为了能够进行可重复的、性能良好的相对湿度测量，必须定期进行清洁处理。陶瓷型相对湿度传感器的感湿材料通常采用由两种以上金属氧化物半导体材料（如 $ZnO-LiO_2-V_2O_5$ 等）混合烧结而成的多孔陶瓷。陶瓷型相对湿度传感器的感湿部位即使被污染，只要加热到几百摄氏度就可以达到清洁的目的，感湿部位就可以复原。

三、检测物体表面露水凝结的结露传感器

结露传感器是一种特殊的湿度传感器，它与一般的湿度传感器的不同之处在于它对低湿不敏感，仅对高湿敏感，主要用来检测物体表面是否附着由水蒸气凝结成的水滴，所以，结露传感器一般不用于测湿，而作为提供开关信号的结露信号器，用于自动控制或报警，如检测磁带录像机、照相机结露及汽车玻璃窗的除露等（图 5-11、图 5-12）。

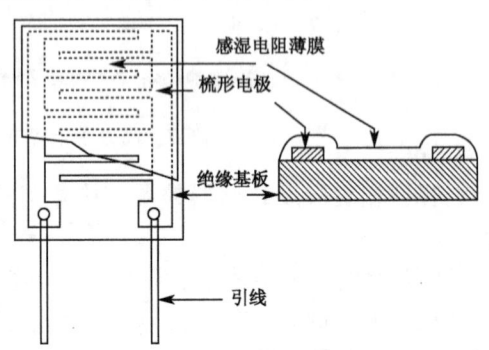

图 5-11 结露传感器　　图 5-12 结露传感器结构

项目 13　婴儿尿湿报警器

🞜 任务引入

宝宝小的时候小便的次数很多，需要经常更换尿布，不然小屁股就会发红起湿疹，小宝宝很不舒服。但是宝宝小便的时间没有规律，常常查看的话又会影响宝宝睡眠，这可能是多数年轻妈妈的苦恼。除此之外，对一些特殊病人的护理，病人日间不带接尿器时小便困难，晚间怕尿床，都需要格外用心监护。尿湿报警器就解决了这方面的诸多问题，如图 5-13 所示，它给人们的生活带来了方便。

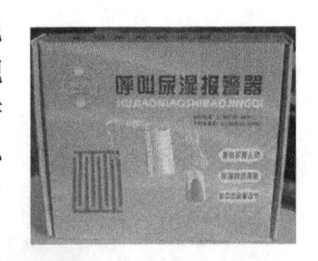

图 5-13 尿湿报警器

🞜 原理分析

本项目中，我们制作一个简易的婴儿尿湿报警器电路。该电路主要由湿度传感器和音乐报警电路组成。湿度传感器两端的电阻随被测物品的湿度而变化，干燥时湿度传感器两端电阻非常大，处于绝缘状态；当被测物品含有水分时，湿度传感器受水分子作用具有导电能力，对音乐片产生触发电信号，音乐片放出音乐信号通过蜂鸣器进行报警。婴儿尿湿报警器电路如图 5-14 所示。

第五章 湿度传感器 第一篇

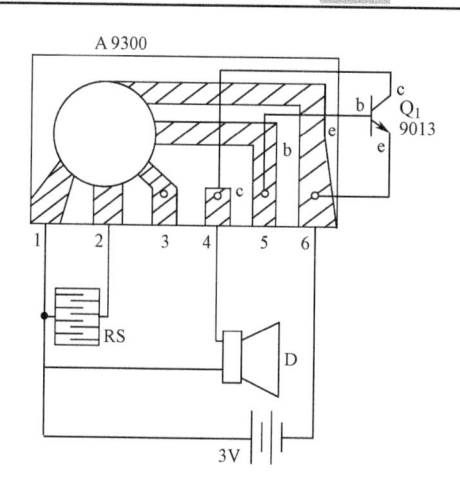

图 5-14 婴儿尿湿报警器原理图

任务实施

1. 准备阶段

制作婴儿尿湿报警器电路所需的元件清单见表 5-1，本电路的核心元件是湿度传感器。主要元器件如图 5-15 所示。

表 5.1 婴儿尿湿报警器元器件清单列表

元 器 件		说　　明
音乐片	A	KD9300
湿度传感器	RS	
蜂鸣器	SPEAKER	8Ω　0.5W
三极管	Q_1	NPN　9013
稳压电源		3V

图 5-15 婴儿尿湿报警器电路主要元器件

2. 制作步骤

（1）湿度传感器的制作

湿度传感器主要应用印制电路板进行制作，在印制电路板上用刀刻出形状像两只手指交

· 91 ·

叉状的金属图案，焊上引线就形成一个湿度传感器，如图5-16所示。条纹越密，其湿度传感器特性越强；条纹越疏，其湿度传感器特性越弱。我们可以采用废旧的电路板制作湿度传感器，如图5-17所示。

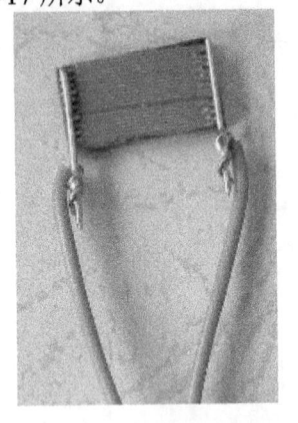

图5-16 制作的湿度传感器　　图5-17 废旧电路板上的湿度传感器

（2）调色电路布局设计

可以在布局设计用纸上进行设计。实物布局如图5-18所示，供读者参考。

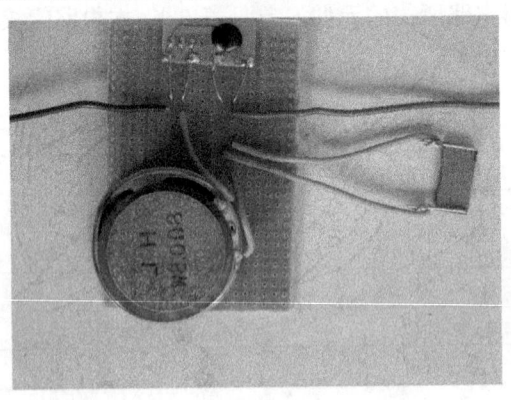

图5-18 实物布局图参考图

（3）元器件焊接

在焊接元器件时，要注意合理布局，先焊小元件，后焊大元件，防止小元件插接后掉下来的现象发生。

（4）焊接完成后先自查，然后请教师检查。如有问题，修改完毕，再请教师检查。

（5）通电并调试电路

给电路接上电源，当电路制作正确，在湿度传感器上滴上水，音乐片产生音乐，通过喇叭自动报警。在调试过程中可能出现的常见问题：①如果电路不工作，可能是因为音乐片连接错误，读者需按着音乐片引脚功能仔细连接；②三极管发热，可能是因为管脚接错了。本电路结构简单，无须过多调试即可完成电路功能。

3. 制作注意事项

（1）音乐片有空孔，在实际电路中没有作用。

（2）自制的传感器比买的要灵敏，较小的水迹就会产生报警现象，若读者的手较湿，擦拭湿度传感器可能也会产生报警现象。

4. 完成实训报告

思考题

为什么通过在印制电路板上刀刻条纹就能制作成湿度传感器？制作的湿度传感器的尺寸大小对电路有影响吗？

阅读材料

在工农业生产、气象、环保、国防、科研、航天等领域，对产品质量的要求越来越高，在生产、运行过程中，对环境湿度的控制以及对工业材料水分值的监测与分析已成为比较普遍的技术要求，而利用湿度传感器就可以完成自动监测环境湿度的要求。所谓湿度传感器是指能够监测环境湿度变化，并能够将湿度变化信号转换成为电信号的一种传感器。

水是一种强极性电介质，水分子具有较大的电偶极矩，在氢原子附近有极大的正电场，因而它具有很大的电子亲和力，使得水分子易于吸附在固体表面并渗透到固体内部。利用水分子这一特性制成的湿度传感器称为水分子亲和力型传感器，而把与水分子亲和力无关的湿度传感器称为非水分子亲和力型传感器。目前在现代工业中使用的湿度传感器大都是水分子亲和力型传感器。水分子亲和力型传感器按照其输出电信号的种类又可分为电阻型和电容型：电阻型湿度传感器能够将湿度变化信号转换为电阻变化信号；电容型湿度传感器能够将湿度变化信号转换为介电常数变化，再转换成与相对湿度成正比的电容量变化。如图 5-19 所示为日常生活中常用的湿度传感器。

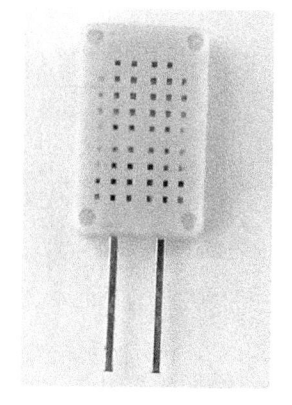

图 5-19 湿度传感器

以 HR23 湿敏电阻器为例简单介绍其特点。HR23 湿敏电阻器是采用有机高分子材料制成的一种新型的湿度敏感元件，具有感湿范围宽、响应迅速、抗污染能力强、无需加热清洗及长期使用性能稳定可靠等诸多特点。HR23 湿敏电阻器适用范围：电子、制药、粮食、仓储、烟草、纺织、气象等行业。其电路原理图如图 5-20 所示。

参数：

（1）定额电压 1.5V AC（MAX，正弦波）

（2）定额功率 0.2mW（MAX，正弦波）

（3）工作频率 500Hz～2kHz

（4）工作温度 0～60℃

（5）工作湿度 20～95%RH

（6）温度特性 <0.1%RH/℃

（7）湿滞回差 <2%RH

（8）响应时间 <20s

（9）稳定性 <2%RH/年

（10）中心值 23.0kΩ 或者 31kΩ

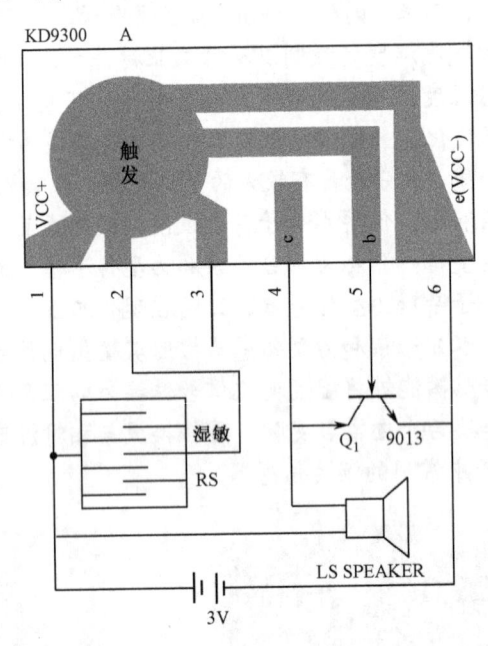

图 5-20　电路原理图

项目 14　湿度测试仪

任务引入

敦煌的莫高窟（图 5-21）是人类文明的奇迹，但由于石窟病害导致壁画受损的现象是长期困扰文物保护人员并亟待解决的问题。国内外多家科研机构对敦煌莫高窟进行常年的温湿监测，这个过程中离不开湿度传感器。除此之外，像天气预报、农业生产、博物馆的名画等都需要进行湿度的监控。现如今，湿度传感器已广泛应用于工农业生产、气象、环保、国防、科研、航天、勘探、林业、制造业、畜牧业等领域。本项目就来制作一个简单的湿度测试仪。

图 5-21　敦煌莫高窟

原理分析

湿度传感器有很多种类，但通常相对湿度传感器应用得最为广泛。湿度传感器可以直接从网上购买，本项目所使用的是湿度模块。我们可以从网上购买 AM1001 湿度模块，即相对湿度传感器与电路一体化的产品（图 5-6）。模块的供给电压为直流电压，相对湿度通过电压输出进行计算，该模块具有精度高，可靠性高，一致性好，且已带温度补偿，确保长期稳定性好，使用方便及价格低廉等特点。该模块共有三根引线，红线和黑线分别接电源线和地线，黄线是输出。其主要技术参数见表 5-2。

表 5-2　AM1001 湿度传感器电路模块技术参数表

指　　标	说　　明	特点及应用领域
供电电压（V_{in}）	DC4.5～6V	特点：低功耗、小体积、带温度补偿、单片机校准线性输出、可靠性高、使用方便、价格低廉 应用领域：空调、加湿器、除湿机、通信、大气环境监测、工业过程控制、农业、测量仪表等应用领域
消耗电流	约 2mA（MAX 3mA）	
使用温度范围	0～50℃	
使用湿度范围	95%RH 以下（非凝露）	
湿度检测范围	20～95%RH	
保存温度范围	0～50℃	
保存湿度范围	80%RH 以下（非凝露）	
湿度检测精度	±5%RH（0～50℃，30～80%RH）	
电压输出范围	0.6～2.85V DC	

该项目要制作的电路如图 5-22 所示，从电池正极出来首先接 7805，从 7805 出来后接 AM1001 的黄色引线，黄色引线后接 LED，其中 AM1001 的红、黑引线分别接电源正、负极。

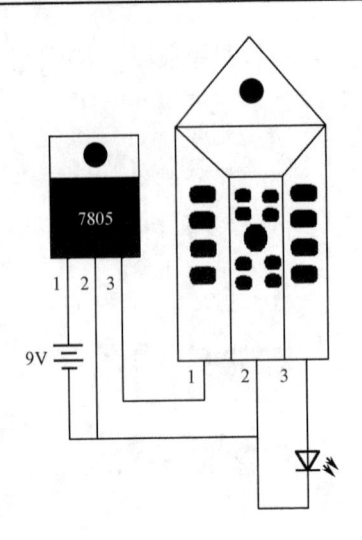

图 5-22 项目电路图

任务实施

1．准备阶段

制作这个电路所需的元件见表 5-3。该电路的核心元件是 AM1001 湿度传感器模块。该模块有三根引线，红色接电源正极，黑色接电源负极，黄色引线为输出端。准备一块 9V 电池，一个三端稳压块 7805，一个 LED（颜色不限）如图 5-23 所示。

表 5-3 简易湿度测试仪元器件清单列表

元器件及工具	说　明
湿度传感器模块	AM1001
发光二极管	LED
三端集成稳压块	7805
焊接用的各种工具	

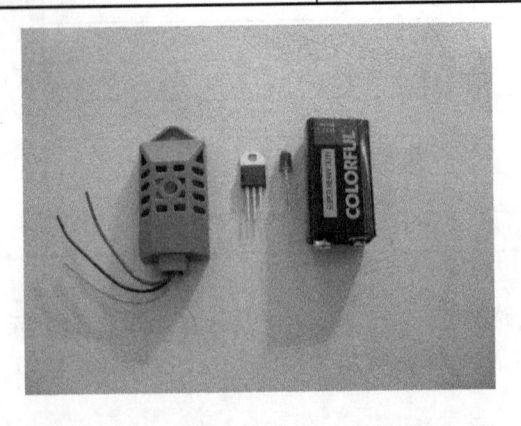

图 5-23 简易湿度测试仪主要元件

2．制作步骤

（1）湿度传感器模块 AM1001 使用注意事项

AM1001 是一个模块电路，因此在电路制作中难度不大，其应用的是 5V 的电源电压，要注意三根引线不要接错。

（2）三根引线

AM1001 模块的三根引线使用时一定要注意：红色引线接电池正极，黑色引线接电池负极，黄色引线为输出，直接接 LED。

（3）加 7805 的意义

在该电路中又接了一个三端稳压块 7805，目的是为保护湿度传感器模块 AM1001，因为不管接的是直流电源，还是 9V 的电池，经过 7805 后输出的都是 5V 的电压。

调试：加 9V 电池后，将湿度传感器模块置于潮气较大的环境下，LED 灯会亮；如用吹风机吹干湿度传感器模块，LED 灯将熄灭。

> 提示：如果潮气不够，可以用嘴哈气吹湿度传感器模块，提高湿度。

3．制作注意事项

（1）LED 的极性；

（2）AM1001 三根引线不要接错；

（3）注意 7805 接法。

4．完成实训报告

思考题

如果将 LED 换成一个七彩炫，会产生什么结果？如果想用七彩炫光亮的程度来表示当前环境湿度的强弱，应如何更改电路？请同学们将制作的电路拿出来相互比较。

阅读材料

敦煌壁画

被誉为丝绸之路上的"沙漠美术馆"而闻名于世的中国敦煌莫高窟壁画（图 5-24）正陷入一种迅速恶化的困境。除了画面剥落、龟裂和霉菌繁殖对壁画造成的损伤外，大面积的壁画壁基出现移位、脱落，地下水、雨水等产生的湿气溶解出土壤中的盐分产生了化学反应，也正在侵蚀、损害着这些佛教艺术作品。很多壁画已濒临"死亡"。

敦煌研究院的专家和技术人员正在窟内进行修复作业，许多地方都支起了脚手架，窟内显得很狭小。敦煌研究院修复技术室负责人说：壁画的壁基和下面的岩壁之间已出现了间隙，其面积大约有 $5m^2$，如果不用板材支撑住尽快修复，就很可能坍塌下来。在另一处中唐时期建造的第 53 窟内，佛像的脸部被黑色的霉菌斑点覆盖，已基本看不出脸部情况。据说是几十年前窟内进了雨水，霉菌不断繁殖导致佛像脸部遭到严重损坏。现在霉菌虽然已死亡，但还没找到修复的方法。窟内用草和泥土混合做成的壁基上，很多地方都已经像蛋糕那样蓬松，剥落和损伤问题非常严重。

图 5-24 敦煌壁画——飞天

　　敦煌壁画由于在年降雨量只有 30mm 的干燥地带，才得以奇迹般地保存下来。但最近在窟内地下 30cm 处发现了湿气，地下湿气的蒸发将地层内的盐分溶解，然后随同水分散发到窟内，并产生了结晶。在这种反复膨胀和收缩的过程中，薄薄的壁基就被损坏了。有人认为，产生水分的原因可能与两个因素有关：一是以溶解的雪水为水源的地下水；二是莫高窟周边地区进行绿化的灌溉用水。除此之外，由于游客身上携带一定的水汽和温度，当游客过多地进入洞窟参观，极易引起洞窟内温度、相对湿度、墙体表面温湿度及窟内二氧化碳浓度的变化。当呼出的二氧化碳和水汽达到一定浓度时，不但会使壁画产生酥碱，也可能会引起壁画颜料变色。敦煌研究院的一项模拟试验表明：洞窟内相对湿度持续的高低循环是导致壁画病害发生的重要原因。

　　研究结果还表明：观光人数的增加也是导致湿气上升的原因之一。一天之中，最多时有 3000 多人进入窟内参观，有个别观光者直接用手触摸壁画，在狭窄的石窟内，大量人流的进出会产生温度、湿度的变化，造成窟内湿度上升，使壁画受损。

　　为保护这些充满东西方文化交流气息的壁画，敦煌研究院正在和日本研究机构及大学合作，商讨如何保护这些壁画的对策，并积极开展修复工作，采取必要措施保护敦煌壁画已经迫在眉睫。

第六章 磁敏传感器

先秦时代，我们的先人已经积累了许多对磁的认识，在探寻铁矿时常会遇到磁铁矿，即磁石（其主要成分是四氧化三铁）。《管子》的名篇中也记载了这些发现："山上有磁石者，其下有金铜（这里金铜是金属的统称）。"其他古籍如《山海经》中也有类似的记载。磁石的吸铁特性很早就被人发现，《吕氏春秋》九卷精通篇就有："慈招铁，或引之也。"古时的人称"磁"为"慈"，他们把磁石吸引铁看作慈母对子女的吸引，并认为"石是铁的母亲，但石有慈和不慈两种，慈爱的石头能吸引他的子女，不慈的石头就不能吸引了。"因此，汉以前，人们把磁石写做"慈石"，是慈爱石头的意思。

从早先的司南、指南鱼的发明，到20世纪发明的录音机使用的磁带，录像机使用的磁录像带，随着现代科学技术的研究和应用的发展，人们加深了对磁的认识，磁的现象和磁的应用随处可见。日常生产生活中，遇到磁和使用磁的事例非常多。例如，电视机中要使用由多种磁性材料制成的磁性器件。电视机先将图像转变为电信号，再将电信号输入到电视显像管来控制显像管中的电子束，使电子束按电信号，进行上下和左右的偏转扫描。受扫描的电子束注射到显像管的荧屏上，发射出光来。在这一过程中，多处都要用到磁性材料和磁场，如将电子束聚焦要使用聚焦磁场，将电子束扫描要使用扫描磁场。又如平时使用的汽车电子锁，其高可靠性、高安全性、响应速度快、动作平稳、操作快捷方便的特点，受到广大车主的好评。电子锁中应用电磁转换吸合原理，采用螺线管结构，设计制造直动往返式电磁铁，可保证在长行程时的强吸持力。磁与我们的生活息息相关。

磁敏传感器是一种利用导体和半导体的磁电转换原理，对磁感应强度、磁场强度和磁通量等敏感，把磁学量转换成电信号的传感器。根据磁敏传感器转换原理的不同，目前市场上的磁敏传感器主要有以下几种。

一、霍尔传感器

（一）霍尔元件

1. 霍尔效应

霍尔传感器是利用半导体材料的霍尔效应进行测量的一种磁敏传感器。所谓霍尔效应（Hall effect），是指置于磁场中的导体或半导体内通入电流，若电流与磁场方向垂直，则在与磁场和电流都垂直的方向上会出现一个电势差。根据霍尔效应，人们用半导体材料制成霍尔元件。我们以N型半导体霍尔元件为例来说明霍尔传感器的工作原理。在图6-1中，a、b端通入激励电流I，并将薄片置于磁场中。设该磁场垂直于薄片，磁感应强度为B，这时电子（运动方向与电流方向相反）将受到洛仑兹力F_L的作用，向内侧偏移，该侧形成电子的堆积，从而在薄片的c、d方向产生电场E。随后的电子一方面受到洛仑兹力F_L的作用，另一方面又同时受到该电场力F_E的作用。从图中可以看出，这两种力的方向恰好相反。电子积累越多，F_E也越大，而洛仑兹力保持不变。最后，当F_L与F_E的大小相等时，电子的积累达到动态平衡。这时，在半导体薄片 c、d 方向的端面之间建立的电动势就是霍尔电动势，我们把这种现象称为霍尔效应。

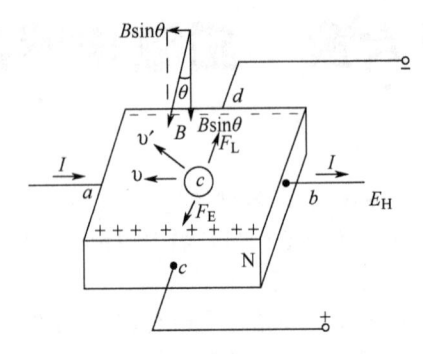

图 6-1 霍尔元件的霍尔效应

2. 霍尔电动势

由实验可知，流入激励电流端的电流 I 越大，作用在薄片上的磁场强度 B 越强，霍尔电动势也就越高。霍尔电动势 E_H 可用下式表示

$$E_H = K_H IB \tag{6-1}$$

式中，K_H——霍尔元件的灵敏度。

若磁感应强度 B 不垂直于霍尔元件，而是与其法线成某一角度 θ 时，实际上作用于霍尔元件上的有效磁感应强度是其法线方向（与薄片垂直的方向）的分量，即 $B\cos\theta$，这时的霍尔电动势为

$$E_H = K_H IB\cos\theta \tag{6-2}$$

3. 霍尔元件特性参数

（1）输入电阻 R_I

霍尔元件两激励电流端的直流电阻称为输入电阻。它的数值可从几十欧到几百欧，视不同型号的元件而定。当温度升高，输入电阻变小，从而使输入电流 I 变大，最终引起霍尔电动势变大，为了减少这种影响，最好采用恒流源作为激励源。

（2）最大激励电流 I_m

由于霍尔电动势随激励电流的增大而增大，故在应用中总希望选用较大的激励电流。但激励电流增大，霍尔元件的功耗增大，元件的温度升高，从而引起霍尔电动势的温漂增大，因此每种型号的元件均规定了相应的最大激励电流，它的数值从几毫安至十几毫安不等。

（3）灵敏度 K_H

$$K_H = E_H/IB \tag{6-3}$$

其单位为 mV/（mA·T）。

（4）最大磁感应强度 B_m

磁感应强度超过 B_m 时，霍尔电动势的非线性误差将明显增大，B_m 的数值一般小于零点几特斯拉。

（5）不等位电动势

在额定激励电流下，当外加磁场为零时，霍尔输出端之间的开路电压称为不等位电动势，它是由于 4 个电极的几何尺寸不对称引起的，使用时多采用电桥法来补偿不等位电动势引起的误差。

（6）霍尔电动势温度系数

在一定磁场强度和激励电流的作用下，温度每变化1℃时霍尔电动势变化的百分数称为霍尔电动势温度系数。它与霍尔元件的材料有关，一般约为 0.1％左右。在要求较高的场合，应选择低温漂的霍尔元件。

4．霍尔元件的类型

当电流恒定时，这个值与磁场的强弱成正比。在实际使用中，霍尔元件传感器按构造可分为：无铁芯型、铁芯型和测试用探针霍尔集成电路三类；按出线端子可分为：有三端子组件（图 6-2）、四端子组件（图 6-3）和五端子组件（图 6-4）三种类型。

（二）霍尔集成传感器

霍尔集成传感器就是将霍尔传感器与放大器电路集成化了的磁敏传感器，只要接上电源，就可以非常方便地使用。通常，霍尔集成传感器分为线性输出型和开关输出型两类。

1．霍尔线性输出型集成传感器

霍尔线性输出型集成传感器是将霍尔元件和恒流源、线形差动放大器以及其他电路等制作在一块芯片上。它输出的是模拟量，测量精度高、线性度好，往往用于特殊场合如图 6-5 所示。

图 6-2　KD177型三端子霍尔元件

图 6-3　HI277型四端子霍尔元件

图 6-4　G-006型五端子霍尔元件

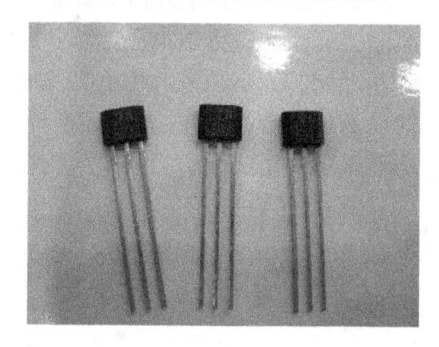

图 6-5　UGN3503UA型线性输出型传感器

2. 霍尔开关输出型集成传感器

霍尔开关输出型集成传感器是将霍尔元件和稳压电路、低耗放大器、施密特触发器以及OC门等制作在一块芯片上。当磁场强度超过规定工作点时，OC门由高阻状态变为低阻状态（即导通状态），输出的霍尔电动势由高至低；当磁场强度低于释放点时，OC门重新恢复成高阻状态，输出的霍尔电动势由低至高。它输出的是数字量，通常与微型计算机等数字电路兼容，具有无触点、无磨损、输出波形清晰、无抖动、无回跳、位置重复精度高（可达μm级）等特点。集成传感器采用了各种补偿和保护措施，其工作温度范围可达-55～150℃，因此应用十分广泛。

单极性霍尔集成传感器是用Si（硅）半导体制作成的单片型集成传感器，如图6-6所示。双极性霍尔集成传感器是由用InSb（锑化铟）制作成的霍尔器件和用Si制作成的放大器电路构成的混合集成传感器，如图6-7所示。

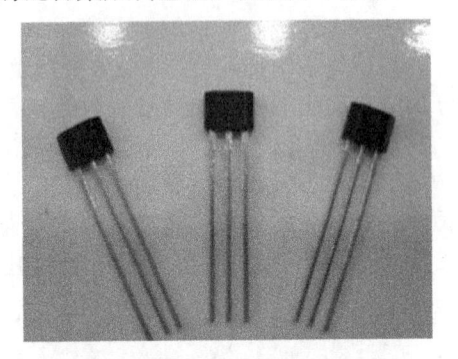

图6-6 A1101EUA-T型单极性霍尔集成传感器 　　图6-7 SS41F双极性霍尔集成传感器

霍尔传感器具有结构简单、体积小、重量轻、频率响应范围宽等优点，可实现无接触测量，可用于力、压力、微位移、磁感应强度、功率、相位等量的测量，因此在测量技术、自动化技术、信息处理技术等领域得到了广泛应用。利用霍尔传感器可以作成磁场探测仪器，如高斯计。高斯计（现称毫特斯拉计）是根据霍尔效应原理制成的测量磁感应强度的仪器，如图6-8所示。它由霍尔探头和测量仪表构成。霍尔探头在磁场中因霍尔效应而产生霍尔电压，测出霍尔电压后，根据霍尔电压公式和已知的霍尔系数，可确定磁感应强度的大小。高斯计的读数以高斯或千高斯为单位。高斯计是用于测量和显示单位面积平均磁通密度或磁感应强度的精密仪器。

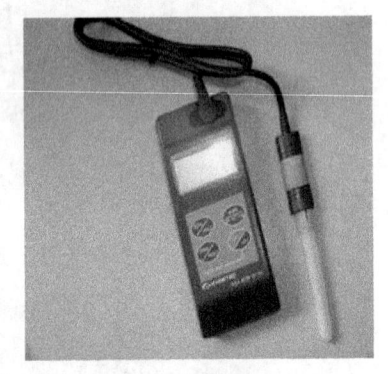

图6-8 高斯计

项目15　磁控电路

任务引入

磁在人类社会生活中的应用非常广泛，生活中很多设备都用到磁，如选铁矿的磁选机，电机控制电路上的继电器，超市中的磁条，还有银行卡，存折等。检测磁性的传感器有霍尔

传感器和磁敏电阻等。霍尔传感器（图 6-9）价格便宜、使用方便，因此被广泛应用。

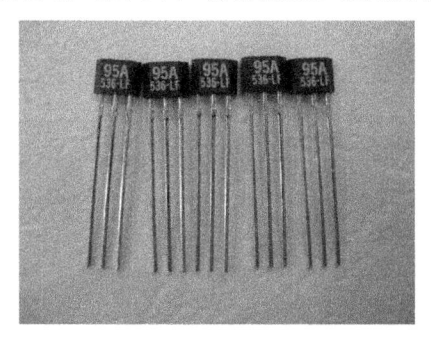

图 6-9　霍尔传感器

原理分析

本项目中，我们制作一个简易的磁控电路，该电路主要由霍尔元件组成。霍尔式传感器是以霍尔元件作为敏感和转换元件的，利用的是霍尔元件受到磁作用时会产生霍尔电动势的原理。为了更好地理解该电路，我们先来学习一些理论知识。

如图 6-10 所示，磁控电路左边是电源电路单元，包含变压器、整流桥、滤波电容稳压集成电路 7805、滤波电容等。核心元件是霍尔元件 UGN3120，在外界磁场的影响下产生了霍尔电动势，这个电动势的变化经由 R_1 使得 PNP 三极管 9012 导通，三极管 9012 集电极的电流直接驱动 3V 继电器动作，继电器的常开触点导通，使得负载发光二极管导通发光。如果我们把发光二极管换成光电耦合器，就能控制任意功率的负载了。当外界磁场撤离，霍尔电动势消失，三极管 9012 也恢复初始状态，负载二极管断电，特别说明：和继电器线圈并联的二极管在这里起保护作用，避免断电瞬间线圈的感应电动势对其他元件造成的冲击损坏。

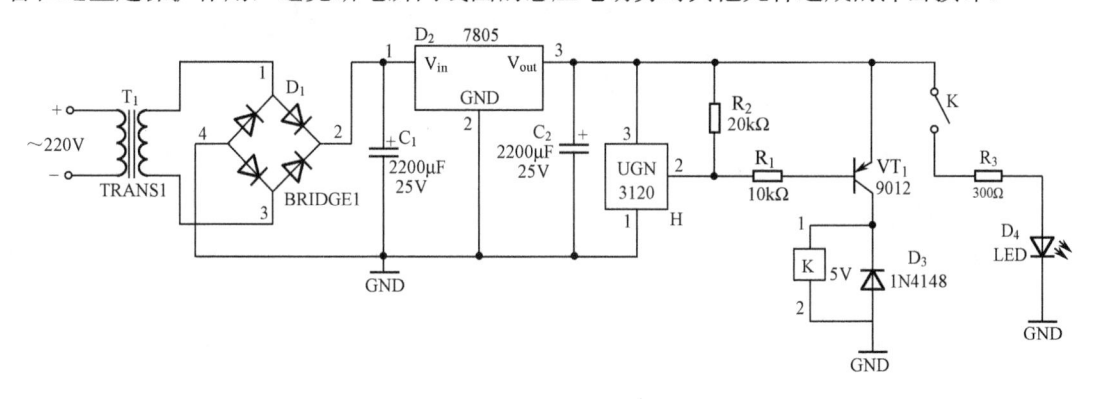

图 6-10　磁控电路原理图

任务实施

1. 准备阶段

制作这个电路所需的元件见表 6-1。本电路的核心元件是磁敏传感器——霍尔元件，如图 6-11 所示。主要元器件如图 6-12

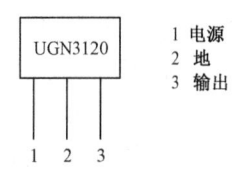

图 6-11　霍尔元件管脚功能图

所示。

表 6.1 磁控电路元器件清单列表

元器件		说　明
霍尔元件	UGN	3120
二极管	D	1N4148
三极管	VT	9012
发光二极管	LED	φ3～φ5
继电器	K	常闭触点 HJR-3FF-S-Z
电阻	R_1	10kΩ
	R_2	20kΩ
	R_3	300Ω

2. 制作步骤

（1）利用万用表对电阻、二极管、三极管和继电器进行性能测试和引脚判断。

（2）磁控电路布局设计。根据电路原理图结合实物完成磁控电路布局。实物布局图如图 6-13 所示，供读者参考。

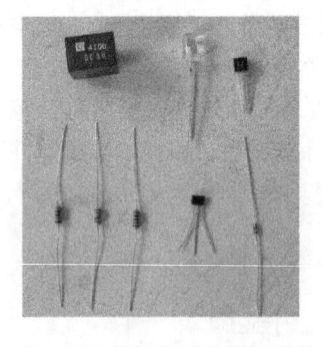

图 6-12 磁控电路主要元器件　　　图 6-13 实物布局图

（3）元器件焊接

在焊接元器件时，要注意合理布局，先焊小元件，后焊大元件，防止小元件插接后掉下来的现象发生。焊接时间不宜太长，恒温烙铁的温度设置在 350℃为宜。

（4）焊接完成后先自查，然后请教师检查。如有问题，修改完毕，再请教师检查。

（5）通电并调试电路

本电路是磁控电路，其特点是当有外加磁场的情况下发光二极管导通显示。如果电路制作正确，在霍尔元件 UGN3120 两端加磁场，当磁场达到一定强度时，LED 灯导通发光。在调试过程中可能出现的常见问题：①接通电源，在磁场较小的情况下发光二极管 LED 持续点亮，主要原因可能是霍尔元件与继电器离得太近，磁场对继电器线圈产生影响，而不是利用霍尔元件去控制继电器，读者在电路图布局设计上需要注意，避免此类情况的发生。②三极管发热，可能原因是管脚接错。③接通电源，施加磁场，但是 LED 灯不亮，可能的原因是灵敏度差，磁场不够强。本电路结构简单，无须过多调试即可实现电路功能。

3．制作注意事项

（1）元器件的合理布局。

（2）霍尔元件、二极管和三极管管脚的极性；三个电阻不要混淆。

4．完成实训报告

思考题

在调试中，如果磁场的经过方向不同，对霍尔元件有无影响？电路的效果是什么？如果电源改用 12V 电压，当前电路应如何更改设计？

阅读材料

磁场自被人发现以来就成为神秘的象征，秦始皇曾经用磁石做门，检测觐见之人是否带有铁质兵器来行刺。科技工作者做过这样的实验：取两块直径相同、轴向磁化的圆柱形小磁铁和一根内径与磁铁外径相近的玻璃管，先把一块磁铁 N 极朝上放入直立着的玻璃管内，然后把另一块磁铁 N 极朝下放入管内。一个奇妙的现象发生了：后放的小磁铁落到一定高度后，居然腾空地悬浮在玻璃管内，仿佛有东西把它托住似的。磁铁的磁性越强，它就悬浮得越高。这种现象称为磁悬浮。现在，科技人员已经制造出可以运营的磁悬浮列车（图 6-14），由于磁悬浮列车具有快速、低耗、环保、安全等优点，因此前景十分广阔。磁场和磁场检测在生产生活中的应用将越来越广泛。

图 6-14　磁悬浮列车

二、磁敏电阻、磁敏晶体管

（一）磁敏电阻

磁敏电阻传感器又称磁控电阻传感器，简称磁敏电阻或磁控电阻，是一种对磁场敏感的半导体元件。根据电场和磁场的原理，当在铁磁合金薄带的长度方向施加一个电流时，如果在垂直于电流的方向再施加磁场，铁磁性材料中就有磁阻的非均质现象出现，从而引起合金带自身的阻值变化，这种现象称为磁阻效应。磁敏电阻传感器是基于该原理制成的，一般有如下的特点：高灵敏度、高可靠性、小体积、抗电磁干扰性好、易于安装、廉价等。半导体磁敏电阻一般是由 InSb 材料制作的，磁阻效应还与样品的形状、尺寸密切相关。这种与样品形状、尺寸有关的磁阻效应称为磁阻效应的几何磁阻效应。因此，为了提高磁敏电阻传感器的灵敏度，其形状通常为矩形。

磁敏电阻的应用比较广泛，在自动控制中的应用主要有以下几个方面。

1．作为磁敏传感器

用磁敏电阻作为核心元件的各种磁敏传感器的工作原理基本相同，只是根据用途、结构不同而种类各异。如图 6-15 所示为 InSb 薄膜磁敏电阻传感器，它是利用锑化铟薄膜的磁阻效应而制作的一种新型传感器，它的阻值 R 随垂直通过它的磁通密度 B 的变化而变化。

2．作为计量控制元件

可将磁敏电阻用于磁场强度测量、位移测量、频率测量和功率因数测量等方面，如图 6-16 所示为差分磁敏电阻传感器。

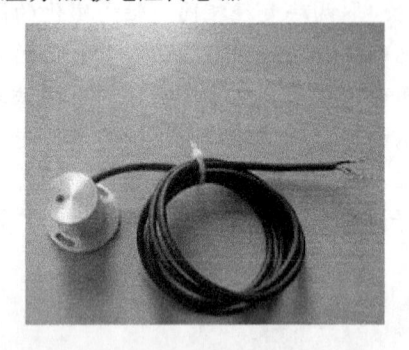

图 6-15　InSb 薄膜磁敏电阻传感器 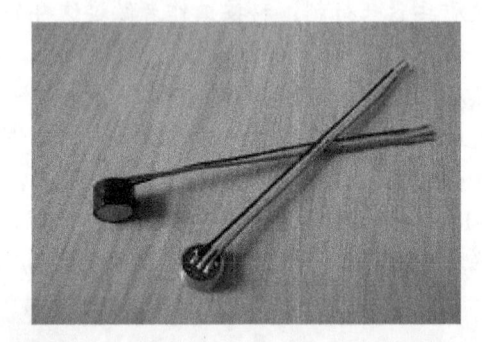　　　图 6-16　HMC5843 型差分磁敏电阻传感器

3．作为无触点电位器

用磁敏电阻作为无触点电位器的原理图如图 6-17 所示的基本一样，将磁敏电阻 R_1 与 R_2 分别制成两个半圆形，共同组成一个圆环，永久磁铁是与电阻面积相同的半圆，形成 360°旋转。当永久磁铁完全覆盖 R_1 时，输出电压最小；当永久磁铁顺时针旋转 90°，恰好覆盖 R_1、R_2 各一半时，则输出电压为输入电压的 1/2；当 R_2 全部被永久磁铁覆盖时，此时输出电压最大，如图 6-18 所示为无触点电位器实物。

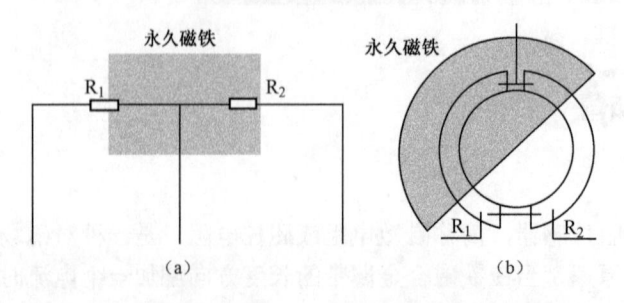

图 6-17　磁敏电阻应用——无触点电位器结构示意图　　　图 6-18　无触点电位器

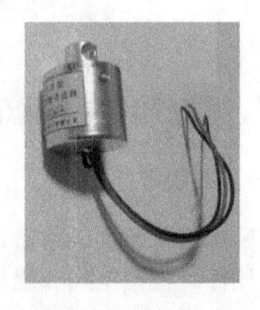

4．作为运算器

可用磁敏电阻在乘法器、除法器、平方器、开平方器、立方器和开立方器等中使用。

5．作为开关电路

磁敏电阻可用在接近开关、磁卡文字识别和磁电编码器等方面。

（二）磁敏晶体管

磁敏晶体管（磁敏二极管、磁敏三极管等）是继霍尔元件和磁敏电阻之后迅速发展起来的新型磁电转换元件。它们具有磁灵敏度高（磁灵敏度比霍尔元件高数百甚至数千倍）、能识别磁场的极性、体积小、电路简单等特点，因而正日益得到重视，并在检测、控制等方面得到普遍应用。

1．磁敏二极管传感器

它是一种对磁场极为敏感的半导体器件，是为了探测较弱磁场而设计的，分为硅磁敏二级管和锗磁敏二级管两种。与普通二极管的区别是：普通二极管 PN 结的基区很短，以避免载流子在基区里复合；而磁敏二极管的 PN 结却有很长的基区，大于载流子的扩散长度，但基区是由接近本征半导体的高阻材料构成的。磁敏二极管属于长基区二极管，是 P+—I—N-型，其结构和电路符号如图 6-19 所示（图中×表示磁场）。其中 I 区为本征（不掺杂）的或接近本征的半导体，其长度为 L，它比载流子扩散长度大数倍，两端分别为重掺杂的 P+、N+ 区，在 I 区的一个侧面上，再做一个高复合的 r 区，在 r 区内载流子的复合速率较大。

磁敏二极管是利用载流子在磁场中运动会受到洛伦兹力（载流子在磁场中运动时所受到的一种力，使其运动发生偏转）作用的原理制成的。当受到正向磁场作用时，电子和空穴均受到洛伦兹力作用向 r 面偏转，如图 6-20 所示。由于 r 面是高复合面，所以到达 r 面的电子和空穴就被复合掉，因而 I 区的载流子密度减少，电阻增加，所以 U_I 增大，而在两个结上的电压 U_P、U_N 则相对减少，于是 I 区的电阻进一步增加，直到稳定在某一值上为止。相反，如果磁场方向改变，电子和空穴将向 r 区的对面，即向低（无）复合区偏转，则使载流子在 I 区中的复合减少，加上继续注入 I 区的载流子，使 I 区中的载流子密度增大，电阻减小，电流增大。同样过程进行正反馈，使注入载流子数目增加，U_I 减少，U_P、U_N 压降增大，电流增大，直至达到某一稳定值为止。

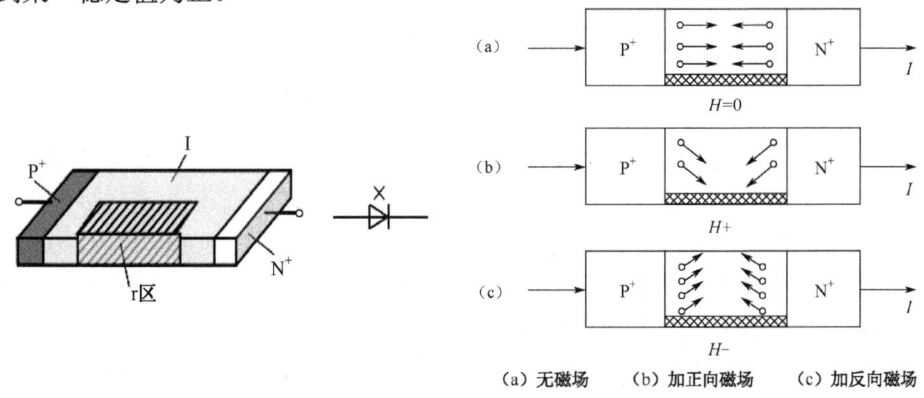

(a) 无磁场　(b) 加正向磁场　(c) 加反向磁场

图 6-19　磁敏二极管的结构及电路符号　　图 6-20　磁敏二极管载流子受磁场影响的情况

常用的磁敏二极管有 2ACM 和 2DCM 系列，表 6-2 为常用 2ACM 系列磁敏二极管的主要参数。

表 6-2 常用 2ACM 系列磁敏二极管的主要参数

型号	最大耗散功率 P_M (mW)	工作电压 u_I (V)	工作电流 I_I (mA)	反向漏电流 I_R (μA)	磁场方向变化与工作电压变化量 △U_+ (V)	△U_- (V)	温度系数 $α$ (%/℃)	使用温度 (℃)
2ACM-1A	50	4~6	2~2.5	200	<0.6	<0.4	1.5	-40~+65
2ACM-1B					≥0.6	≥04		
2ACM-1C					>0.8	>0.6		
2ACM-2A		6~7	1.5~2		<0.6	<0.4		
2ACM-2B					≥0.6	≥0.4		
2ACM-2C					>0.8	>0.4		
2ACM-3A		7~9	1~1.5		<0.6	<0.4		
2ACM-3B					≥0.6	≥0.4		
2ACM-3C					>0.8	>0.6		

2. 磁敏三极管传感器

磁敏三极管传感器是在弱 P 型或弱 N 型本征半导体上用合金法或扩散法形成发射极、基极和集电极的。其基区较长，基区结构类似磁敏二极管，有高复合速率的 r 区和本征 I 区。磁敏三极管同普通三极管类型相同，有 NPN 和 PNP 两种，以 NPN 型磁敏三极管为例说明它的结构特点。NPN 型磁敏三极管是在弱 P 型近本征半导体上，用合金法或扩散法形成三个结——即发射结、基极结、集电结所形成的半导体元件，如图 6-21 所示为磁敏三极管的结构。在长基区的侧面制成一个复合速率很高的高复合区 r。长基区分为运输基区和复合基区两部分。

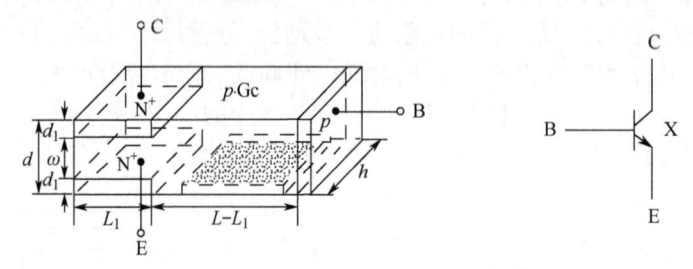

图 6-21 NPN 型磁敏三极管的结构和符号

磁敏三极管传感器的工作原理如图 6-22 所示，当磁敏三极管未受磁场作用时，由于基区宽度大于载流子有效扩散长度，大部分载流子通过 e—I—b 形成基极电流，少数载流子输入到 c 极，因而形成基极电流大于集电极电流的情况，使 β<1。当受到正向磁场（H+）作用时，洛仑兹力使载流子偏向发射结的一侧，导致集电极电流显著下降；当反向磁场（H-）作用时，载流子向集电极一侧偏转，使集电极电流增大。由此可知，磁敏三极管在正、反向磁场作用下，其集电极电流出现明显变化。这样就可以利用磁敏三极管来测量弱磁场、电流、转速、位移等物理量。

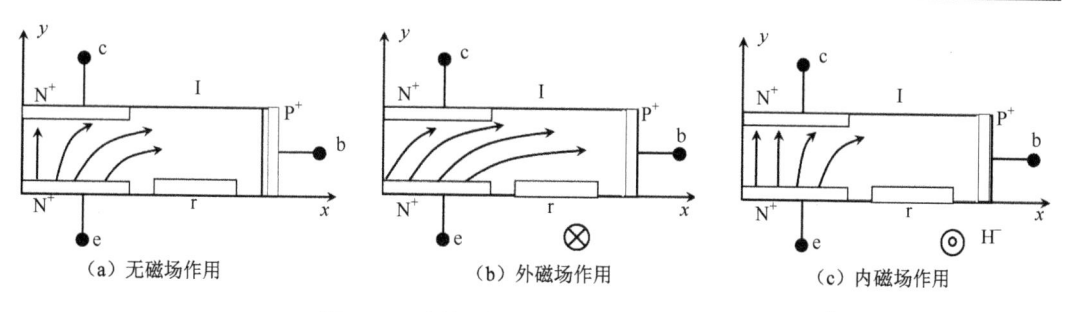

(a) 无磁场作用　　(b) 外磁场作用　　(c) 内磁场作用

图 6-22　磁敏三极管传感器工作原理

常用的磁敏三极管有 3ACM、3BCM 和 3CCM 系列。表 6-3 为 3ACM、3BCM 型磁敏三极管的主要特性参数。

表 6-3　3ACM、3BCM 型磁敏三极管的主要特性参数

型　号	最大耗散功率 P_M（mW）	磁灵敏度（%/kg）	工作电流 I_I（mA）	反向漏电流 I_R（μA）	最大基极电流 I_{bm}（mA）	使用温度（℃）
3ACM-1	45	20~30	20	400	2	-40~+60
3ACM-2			30			
3ACM-3			40			
3ACM-4			50			
3BCM-A		5~10	20	200	4	
3BCM-B		10~15	25			
3BCM-C		15~20				
3BCM-D		20~25				
3BCM-E		25				

3．磁敏二极管和磁敏三极管的比较

（1）磁敏三极管的灵敏度比磁敏二极管高几倍甚至十几倍，并且具有功率输出。
（2）磁敏三极管比磁敏二极管功耗低。
（3）磁敏三极管比磁敏二极管动态范围宽。
（4）磁敏三极管比磁敏二极管噪声小。
（5）磁敏三极管特别适合用在低电压工况。

由于磁敏晶体管具有磁灵敏度较高、体积和功耗都很小、能识别磁极性等优点，它有着广泛的应用前景。利用磁敏晶体管可测量 10^{-7}T 左右的弱磁场。又如磁敏晶体管还可以用来测量转速——磁敏转速传感器能将角位移转换成电脉冲信号，供二次仪表使用，主要为铁路高速列车防滑系统配套，具有测量范围宽，安装简便，输出幅值大，工作温度范围宽，抗振性好等优点。近几年人们对养生越来越热衷，其中量子弱磁共振分析仪是新兴的医疗产品，其中对弱磁场的检测就是依靠具有磁阻效应的磁敏晶体管实现的。

阅读材料

人体是大量细胞的集合体，细胞在不断地生长、发育、分化、再生、凋亡，细胞通过

自身分裂，不断自我更新。成人每秒大约有 2500 万个细胞在进行分裂，人体内的血细胞以每分钟大约 1 亿个的速率在不断更新，在细胞的分裂、生长等过程中，构成细胞最基本单位的原子的原子核和核外电子这些带电体也在一刻不停地高速运动和变化之中，也就不断地向外发射电磁波。人体所发射的电磁波信号代表了人体的特定状态，人体健康、亚健康、疾病等不同状态下，所发射的电磁波信号也是不同的，如果能测定出这些特定的电磁波信号，就可以测定人体的生命状态。

　　量子弱磁共振分析仪就是解析这种现象的新型仪器。通过手握传感器来收集人体微弱磁场的频率和能量，经仪器放大、计算机处理后与仪器内部设置的疾病、营养指标的标准量子共振谱比较，用傅立叶分析法分析样品的波形是否变得混乱。根据波形分析结果，对被测者的健康状况和主要问题做出分析判断，并提出规范的防治建议。它将人体脏腑在身体反射区上的穴位、手腕部脉搏信号和血信号变换成对应的生物电数据，如图 6-23 所示，并将此数据与计算机海量数据中的正常值加以对比，进而确定被检测者身体正常与否。检测过程不取样，无创伤，操作简单易学，检测准确可靠。检测系统可将被检测者的档案和检测数据自动保存到计算机中，也可打印，便于定期复查，全程跟踪治疗，如图 6-24 所示。

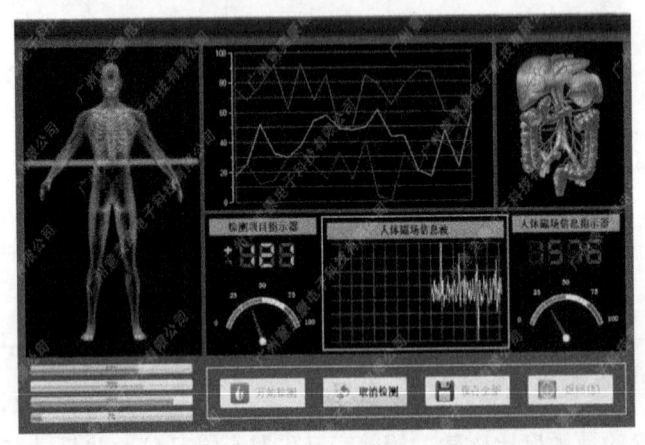

图 6-23　量子弱磁共振分析仪检测人体心脏状态

图 6-24　量子弱磁共振分析仪检测分析报告

三、磁簧开关

磁簧开关也称为干簧管磁敏传感器或舌簧开关式磁敏传感器，简称干簧管，是一种十分简单但用途十分广泛的磁电转换器件。它是由 Western Electric 公司在 1940 年发明的。

1. 磁簧开关的结构

磁簧开关又称干簧管继电器或干簧管，是一种机械式开关，在磁场作用下直接产生通与断的动作。在干簧管中，关键的元件是簧片开关，干簧管的簧片是用导磁材料制成的，组成不同形式的接点，封装在真空或充有惰性气体（氮气等）的细长玻璃管中。其他主要元件包括开或关的弹性簧片及磁铁或电磁铁。两片磁簧片呈重叠状但中间间隔有一个小空隙，施加一定磁场时将会使两片磁簧片接触。这两片簧片上的触点镀有一层很硬的金属，通常是铑和钌，这层硬金属大大提升了切换次数的寿命。玻璃管内通常注入的是惰性气体，一些磁簧开关为了提升切换电压的性能，更会把内部做成真空状态。

2. 磁簧开关的工作原理

永久磁铁或线圈所产生的磁场施加于开关上时，使磁簧开关的两个舌簧磁化，一个舌簧在触点位置上生成 N 极，另一个舌簧的触点位置上生成 S 极。若生成的磁场吸引力克服了舌簧的弹性产生的阻力，异性磁极相互吸引，舌簧在吸引力作用下接触导通，即电路闭合。一旦磁场力消除，舌簧因弹力作用又重新分开，即电路断开。

根据工作原理，磁簧开关可分为常开式和常闭式，在日常生活中主要应用常开式。磁簧开关的接点形式有两种类型。

（1）常开型：其特点是平时簧片断开，只有簧片被磁化时，接点闭合。

（2）转换型：该结构上有三个簧片，第一个簧片由只导电不导磁的材料做成，第二、第三个簧片由即导电又导磁的材料做成，如图 6-25 所示。平时，由于弹力的作用，1、2 簧片相连构成常闭开关；2、3 簧片构成常开开关。当有外界磁力时，2、3 簧片被磁化，异性磁极相吸引，常开闭合，常闭断开，从而形成一个转换开关。

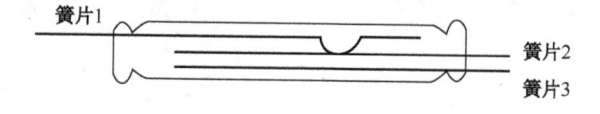

图 6-25 转换型磁簧开关的结构

3. 磁簧开关使用时的注意事项

（1）磁簧开关遇高温时间过长时，可能会导致玻璃与金属密封处裂开及泄露，因此必须采取快速及可靠的焊接技术。建议的焊接条件为：手焊 280~300℃；自动焊接 250~300℃。

（2）磁簧开关焊接时，焊接电流所产生的磁场效应，能使磁控管开关动作导致触点损坏，因此焊接时必须采取适当的保护措施。

（3）不得同时焊接磁簧开关两端的引线脚。

（4）磁簧开关安装及焊接到 PCB 上时，需注意 PCB 的变形及热膨胀特性，其应力亦可能会损伤磁控管的玻璃与金属密封。

（5）当在 PCB 上安装磁簧开关时，建议 PCB 与磁簧开关间需保持适当的间距，或将磁控管插入 PCB 的孔位中。

（6）当磁簧开关由 30cm 以上高度跌落至地面时，其电气特性（包括启动及释放值）皆会改变。

干簧管在我们日常生活中的应用非常广泛，在手机、程控交换机、复印机、洗衣机、电冰箱、照相机、消毒碗柜、门磁、电磁继电器、电子衡器、液位计、电子煤气表、水表中都得到很好的应用。电子电路中只要使用自动开关，基本上都可以使用干簧管。在使用中需要注意以下方面：剪切或弯曲干簧管的引线脚时必须极度小心，以免施加不当的应力而使玻璃—金属密封受到损毁；适当的夹紧工具是必须使用的；剪切或弯曲引脚线时，与玻璃封壳末端的建议距离（玻璃封壳长度 9～20mm）最小为 3mm，大型干簧管（玻璃封壳长度 30mm 以上）最小为 8mm。如图 6-26～图 6-37 所示为我们日常生产生活中常见的干簧管类型。

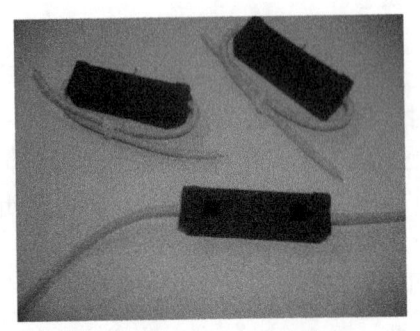

图 6-26　高压干簧管继电器

图 6-27　低压干簧管继电器

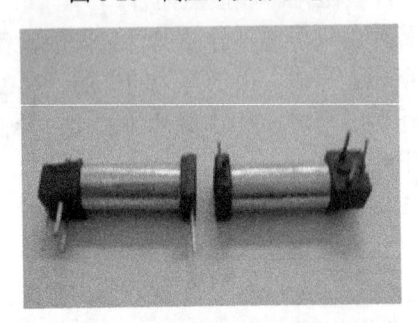

图 6-28　500 欧常开干簧继电器

图 6-29　500 欧常闭型干簧继电器

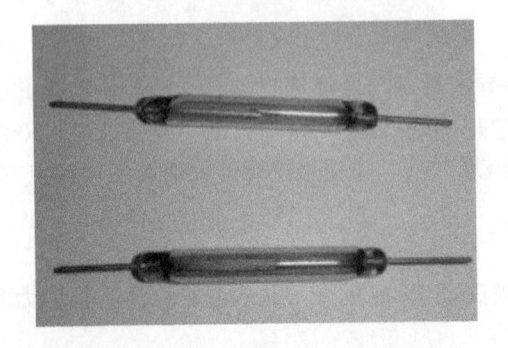

图 6-30　常开触电式干簧管

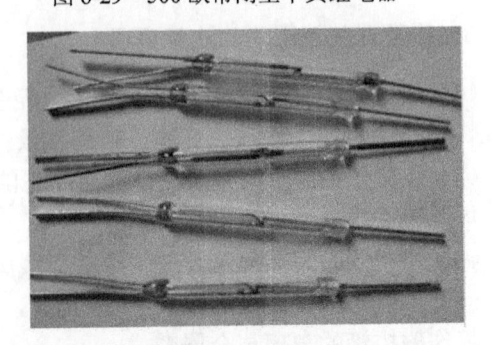

图 6-31　双触点式干簧管

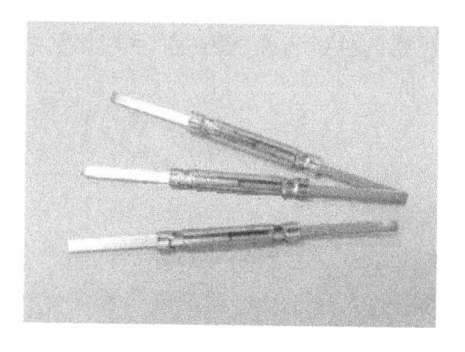

图 6-32　FR3S 型扁平常开型干簧管

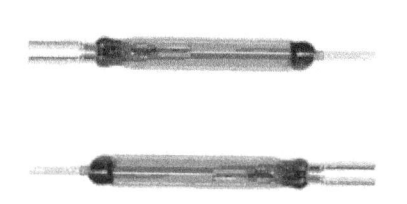

图 6-33　大功率双触点干簧管

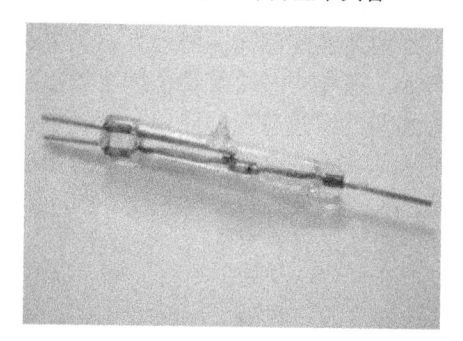

图 6-34　三脚常开常闭型干簧继电器

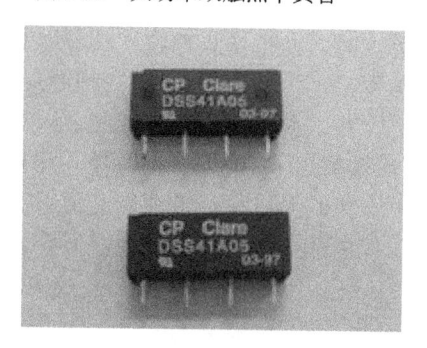

图 6-35　DSS41A05 型干簧继电器

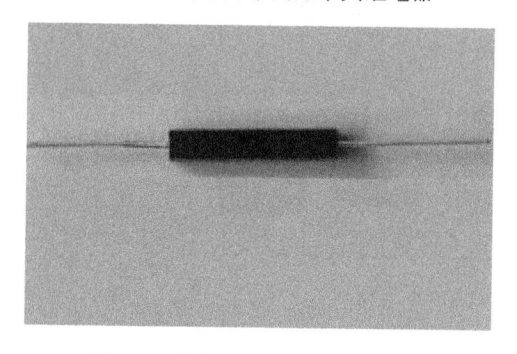

图 6-36　塑封干簧管

图 6-37　拆机干簧管

磁簧开关和霍尔元件两种传感器，其尺寸都在缩小，然而，当磁簧开关与霍尔元件相比较时，可以看到磁簧开关的一些优点：

（1）霍尔元件许一般价格低，但需要加上昂贵的电源电路供电，其输出信号也较低，通常也要加放大电路。所以相对来说霍尔元件比磁簧开关更贵。

（2）磁簧开关是密封的，因此它几乎能工作于任何环境（如对湿度无影响）。

（3）磁簧开关对温度环境没有影响，典型的工作温度范围从-50℃到+150℃，无特别附加条件、限制或费用。霍尔元件工作温度范围有限制。

（4）磁簧开关的触头在导通时有极低的导通电阻，典型值低到 50mΩ 以下，而霍尔元件可能有上百欧姆。

（5）磁簧开关提供的磁灵敏度有一个较大的范围，其产品有很多很好的应用。某些磁簧开关在苛刻应用上的表现是极好的，在质量、可靠性及安全性上是一流的。磁簧开关能经受很高的电压（最小的额定值是 1000V）。霍尔元件需要的外部电路的额定值到 100V。

项目 16　入侵报警器

◎ 任务引入

人人都需要有一个安全、舒适的生活环境和工作环境。人们的人身安全、财产安全需要保护，集体、企事业单位、机关团体、各级各类组织的人身安全、财产安全需要保护，乃至国家的财产安全都需要保护。随着现代高新技术的进步，以及人们防范意识的提高，各种安全防范设施应运而生。其中，安全防范报警系统就是最重要、最具代表性的安全防范设施之一。外出时，家里一旦遭窃，往往是只能面对一片狼藉的房间而无能为力。如果有这样一种报警装置：不仅可在案发第一时间及时通知受害人，还能实时将警情传递至派出所和分局指挥中心，我们就可以放心出行了。这种家用报警装置已经较普遍地应用在高、中档小区中，无论什么时候、盗贼以什么途径、从什么位置进入你家，它会第一时间发出警报通知业主和物业，给我们的日常生活带来了极大的安全保障。入侵报警器的类型多种多样，如图 6-38 所示是现代生活中常用的智能入侵报警装置，价钱一般在千元左右。

图 6-38　入侵报警器

◎ 原理分析

本项目中，我们要制作一个简易入侵报警器电路。该报警器由两部分组成，其中一个电路为产生磁场电路（也可直接使用磁铁），另一个电路为感应磁场电路。使用时，要将两部分电路安装于门窗两侧。门窗关闭时，产生磁场和感应磁场的两部分电路处于平衡状态，电路输出无变化，不产生报警信号。当有人撬开门窗，使产生磁场和感应磁场两部分电路距离变大，也就是打破原有平衡状态时，产生触发信号，输出报警。本项目中所制作的电路主要由磁敏传感器——干簧管和报警电路组成。入侵报警器电路主要利用干簧管对磁元器件敏感的特性来感知磁场变化时产生的电信号的变化。磁敏传感器把磁场变化转换成电压变化，输出给报警系统。干簧管 H 遇到磁感应强度变化时（即有磁物质靠近），干簧管 H 吸合，继电器 K 工作，此时动断触点 SW 断开，音乐片 9300 无音乐信号输出。当磁物质移开、无磁场对作用时，干簧管 H 断开，继电器 K 不工作，动断触点 SW 闭合，对音乐片 9300 产生触发信号，此时产生音乐信号输出。制作这个电路我们主要应用的传感器是磁敏传感器——干簧管，选用的干簧管是常开触点类型，该电路如图 6-39 所示。

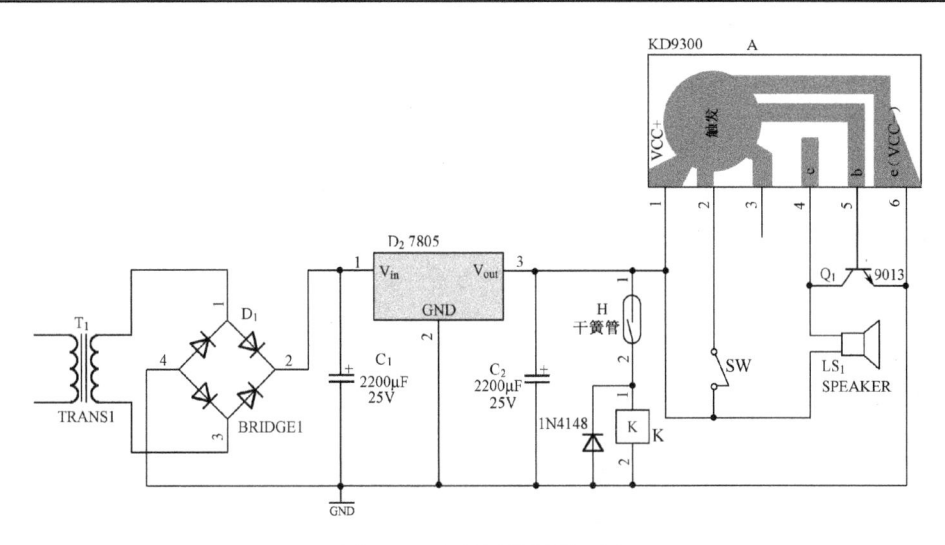

图 6-39 入侵报警器原理图

🎵 任务实施

1. 准备阶段

制作入侵报警器电路所需的元器件清单见表 6-4，本电路的核心元件是干簧管，干簧管特性为常开状态，如图 6-40 所示。主要元器件如图 6-41 所示。

表 6-4 入侵报警器元器件清单列表

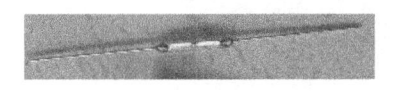

元 器 件		说　　明
磁铁		
干簧管	Y	常开
蜂鸣器	SPEAKER	8Ω　0.5W
二极管	D	1N4148
三极管	Q_1	NPN　9013
音乐片	A	9300
继电器	K	常闭触点 4100　DC3V

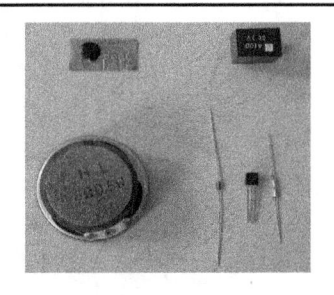

图 6-40　干簧管　　　图 6-41　入侵报警器主要元器件

2. 制作步骤

(1) 干簧管的测量

干簧管的测量主要是判别它的好坏，而不是测量它的参数。干簧管的全称为"干式舌簧开管"。干簧管内部有一组既能导磁、又能导电的簧片，用玻璃外壳封装，里面充有惰性气体。干簧管受到磁场作用时，管内的簧片被磁化，就互相吸引接触，将电路接通。当周围磁场消失时，簧片就靠自身的弹力恢复原状，将电路切断。如图 6-42 所示为不同种类的干簧管。

根据以上原理，就可以用十分简单的方法来进行测量，如图 6-43 所示是采用一个发光二极管和一个电阻的方法。测量时，将磁铁逐渐靠近干簧管，当距离一定时（与磁铁大小有关），干簧管簧片吸合接通，发光二极管点亮。将磁铁逐渐移开干簧管，外加磁场消失，簧片恢复原状，电路断开，发光二极管熄灭。往复数次，与上述情况相符，则该被测干簧管是好的。若发光二极管点亮后，将磁铁移开时，发光二极管仍点亮，以及当磁铁靠近时，发光二极管也不亮，则说明该被测干簧管已失去开关作用，不能再用了。如果没有磁铁，也可用外磁扬声器后面的磁钢来代替，测量方法相同。图中 520Ω 电阻是发光二极管的限流电阻，用以保护发光二极管不致因电流过大而损坏。

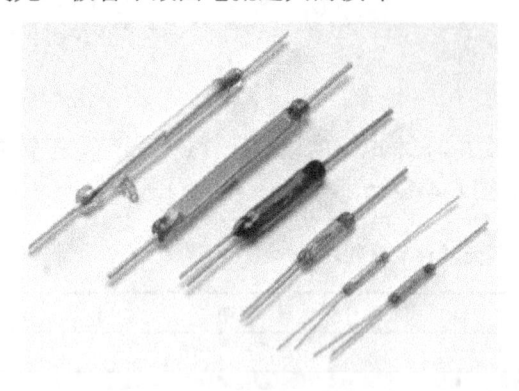

图 6-42 不同种类的干簧管

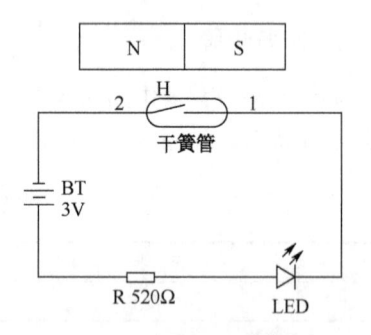

图 6-43 干簧管测量电路

(2) 根据电路原理图结合实物完成入侵报警器电路布局。实物布局图如图 6-44 所示，供读者参考。

图 6-44 实物布局图参考图

（3）元器件焊接

在焊接元器件时，要注意合理布局，先焊小元件，后焊大元件，防止小元件插接后掉下来的现象发生。

（4）焊接完成后先自查，然后请教师检查。如有问题，修改完毕，再请教师检查。

（5）通电并调试电路

调试过程中常见问题：①电路直接报警，说明继电器连接错误。②三极管发热，可能是因为管脚接错。

3．制作注意事项

（1）二极管的极性；

（2）继电器的管脚及关系；

（3）音乐片有空孔没用接收头的极性；

（4）继电器的管脚很容易接错，制作时需仔细测量继电器，并画图做参考。

4．完成实训报告

思考题

1. 如果将常开型干簧管换成常闭型的磁敏传感器，对电路设计会有什么影响？
2. 电路中，二极管 1N4148 的作用是什么？如果不放在电路中，对电路有影响吗？

阅读材料

磁敏传感器是传感器产品的一个重要组成部分，随着我国磁敏传感器技术的发展，其产品种类和质量正得到进一步发展和提高，已进军汽车、民用仪表等这些量大面广的应用领域。国产的电流传感器、高斯计等产品目前已经开始走入国际市场，与国外产品的差距正在快速缩小。

磁敏传感器都是利用半导体材料中的自由电子或空穴随磁场改变其运动方向这一特性而制成的。按其结构可分为体型和结型两大类。体型的有霍尔传感器，其主要材料 InSb（锑化铟）、InAs（砷化铟）、Ge（锗）、Si、GaAs 等和磁敏电阻 InSb、InAs。霍尔传感器的主要技术参数见表6-5。结型的有磁敏二极管 Ge、Si，磁敏三极管 Si。

表6-5　霍尔传感器的主要技术指标

型号	材料	控制电流（mA）	霍尔电压（mV,0.1T）	输入电阻（Ω）	输出电阻（Ω）	灵敏度（mV/mA, T）	不等位电势（mV）	V_H温度系数（%/℃）
EA218	InAs	100	>8.5	3	1.5	>0.35	<0.5	0.1
FA24	InAsP	100	>13	6.5	2.4	>0.75	<1	0.07

续表

型号	材料	控制电流（mA）	霍尔电压（mV,0.1T）	输入电阻（Ω）	输出电阻（Ω）	灵敏度（mV/mA, T）	不等位电势（mV）	V_H温度系数（%/℃）
VHG-110	GaAs	5	5～10	200～800	200～800	30～220	<V_H的20%	-0.05
AG1	Ge	20max	>5	40	30	>2.5	—	-0.02
MF07FZZ	InSb	10	40～290	8～60	8～65	—	±10	-2
MF19FZZ	InSb	10	80～600	8～60	8～65	—	±10	-2
MH07FZZ	InSb	1V	80～120	80～400	80～430	—	±10	-0.3
MH19FZZ	InSb	1V	150～250	80～400	80～430	—	±10	-0.3
KH-400A	InSb	5	250～550	240～550	50～110	50～1100	10	<-0.3

干簧管是最简单的磁敏传感器，市场上常用的干簧管类型见表6-6。

表6-6 市场上常用的干簧管类型

分类形式	类 型		触点形式	构 造	功能性能
分类形式	超小型	玻璃管长：10mm以下	A型（常开）	中心型	1. 耐高压 2. 低噪声 3. 指示灯用 4. 超长寿命
		管径：2mm以下			
	小型	玻璃管长：10～30mm	B型	偏置型	
		管径：3～4mm			
	大型	玻璃管长：30mm以上	C型（转接开关型）		
		管径：4mm以上			
相关产品	ORD213 ORD211 ORD228vl ORD221 ORT551		ORD系列 ORT系列	ORD系列 ORD221 ORT551	

四、磁场传感器

磁通门磁敏传感器是利用磁滞回线B-H特性曲线为矩形的铁芯制作成的。它是利用具有高导磁率的软磁铁芯在外磁场作用下的电磁感应现象测定外磁场的仪器。它的传感器的基本原理是基于磁芯材料的非线性磁化特性。其敏感元件是由高导磁系数、易饱和材料制成的磁芯，有两个绕组围绕该磁芯：一个是激励线圈，另一个则是信号线圈。磁通量闸门型磁敏传感器的名字很少见，但它具有很高的灵敏度，因此可以用于检测地磁场等场合。通过它可以测量地磁要素及其随时间和空间的变化，为地磁场的研究提供基本数据。地磁测量可分为陆地磁测、海洋磁测、航空磁测和卫星磁测,如图 6-45 所示为不同类型的地磁测量仪。

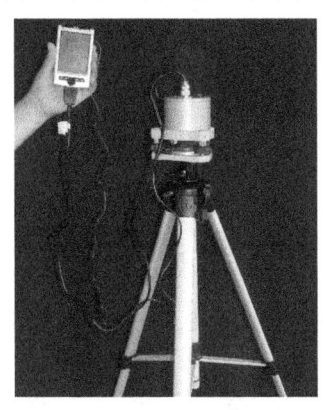

(a) 霍尔探矿磁力仪　　　(b) 水下手持质子磁力仪　　　(c) 航空 IMPULSE 磁力仪

图 6-45　不同种类的地磁测量仪

第七章　超声波传感器

1793 年，意大利科学家斯帕拉捷发现蝙蝠能够在夜空中自由自在地飞行；通过实验，斯帕拉捷揭开了蝙蝠飞行的秘密：原来，蝙蝠靠喉咙发出人耳听不见的"超声波"，这种声音沿着直线传播，一碰到物体就像光照到镜子上那样反射回来。蝙蝠用耳朵接受到这种"超声波"，就能迅速做出判断，躲避障碍，捕捉猎物。

超声波对液体、固体的穿透能力很强，尤其是在光线不透明的固体中，它可穿透几十米的深度。超声波碰到杂质或分界面会产生显著反射，形成反射回波，碰到活动物体能产生多普勒效应。现在，人们利用超声波来为飞机、轮船导航，寻找地下的宝藏。超声波就像一位"无声"的功臣，广泛地应用于工业、农业、医疗和军事等领域。

一、超声波物理基础

1．声波的分类

声波是一种机械波，当它的振动频率在 20Hz～20kHz 的范围内时，人耳能够感受得到，称为可闻声波。频率低于 20Hz 的机械振动人耳不能感受到，称为次声波，但许多动物却能感受得到，比如地震发生前的次声波就会引起许多动物的异常反应。频率在 3108～31011Hz 的波称为微波。所谓超声波，就是超出一般人听觉频率范围以上，频率高于 20kHz 的声波。超声波有许多不同于可闻声波的特点。比如，它的指向性很好、能量集中，因此穿透本领大，能穿透几米厚的钢板，而能量损失不大。在遇到两种介质的分界面（如钢板和空气的交界面）时，能产生明显的反射和折射现象。

2．超声波的波型

超声波是一种在弹性介质中的机械震荡，其波型可分为纵波、横波、表面波 3 种。

纵波是指质点的振动方向与波的传播方向一致的波，它能在固体、液体和气体介质中传播；横波是指质点的振动方向垂直于传播方向的波，它只能在固体介质中传播；表面波是指质点的振动介于纵波和横波之间，沿着表面传播，振幅随深度增加而迅速衰减的波。表面波质点振动的轨迹是椭圆形，质点位移的长轴垂直于传播方向，质点位移的短轴平行于传播方向。表面波只在固体的表面传播。

3．声速

超声波的传播速度不仅与介质的密度和弹性特性有关，而且也与环境变化有关。对于液体，其传播速度 c 为

$$c = \sqrt{\frac{1}{\rho \beta_g}} \qquad (7\text{-}1)$$

式中，ρ——介质的密度；
β_g——绝对压缩系数。

在气体中，传播速度与气体种类、压力及温度有关，在空气中传播速度 c 为

$$c = 331.5 + 0.607t \quad (\text{m/s}) \tag{7-2}$$

式中，t——环境温度。

对于固体，其传播速度 c 为

$$C = \sqrt{\frac{E(1-\mu)}{\rho(1-\mu)(1-2\mu)}} \tag{7-3}$$

式中，E——固体的弹性模量；
μ——泊松系数比。

4．超声波的反射和折射

当一束光线照射到水面上时，有一部分光线会被水面所反射，而剩余的能量摄入水中，但前进的方向有所改变，称为折射。与此相似，当超声波以一定的入射角从一种介质传播到与另一种介质的分界面上时，一部分能量反射回原介质，称为反射波；另一部分能量则透过分界面，在另一介质内继续传播，称为折射波或透射波，如图7-1所示。入射角 α 与反射角 α_r 以及折射角 β 之间遵循类似光学的反射定律和折射定律。

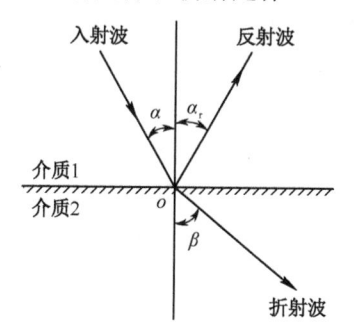

图 7-1 超声波的反射和折射

如果入射波的入射角 α 足够大时，将导致折射角 $\beta=90°$，则此时的折射波只能在介质表面传播，折射波将转换为表面波，这时的入射角称为临界角。如果入射声波的入射角 α 大于临界角，将导致声波的全反射。

5．声波在介质中的衰减

由于多数介质中都含有微小的结晶体或不规则的缺陷，超声波在这样的介质中传播时，在晶体表面或缺陷界面会引起散射，从而使沿入射方向传播的超声波的声强下降。其次，由于介质的质点在传导超声波时，存在弹性滞后及分子内摩擦，它将吸收超声波的能量，使其转换成热能；又由于传播超声波的材料存在各向异性结构，使超声波发生散射，随着传播距离的增加，声强逐渐衰减，其衰减的程度与声波的扩散、散射及吸收等因素有关。其声压和声强的衰减规律为

$$p_x = p_0 e^{-\alpha x} \tag{7-4}$$

$$I_x = I_0 e^{-2\alpha x} \tag{7-5}$$

式中，P_x——平面波在 x 处的声压；
　　　I_x——平面波在 x 处的声强；
　　　P_0——平面波在 $x=0$ 处的声压；
　　　I_0——平面波在 $x=0$ 处的声强；
　　　x——声波与声源间的距离；
　　　α——衰减系数，单位为奈培/厘米。

介质中的声强衰减与超声波的频率及介质的密度、晶粒粗细等因素有关。晶粒粗细或介质密度越小，衰减越快；频率越高，衰减也越快。

气体的密度很小，因此衰减较快，尤其在频率高时衰减更快。因此，在空气中传导的超声波的频率选得较低，约数十千赫兹，而在固体、液体中则选用频率较高的超声波。

二、超声波传感器

什么是超声波传感器呢？超声波传感器都有哪些种？各有什么用途？

超声波传感器就是利用超声波作为信息传递媒介的传感器，习惯上又称为超声波换能器或超声波探头。传统的超声波传感器使用的是扬声器之类的动圈式转换器、电容式麦克风之类的可变电容式转换器或者磁滞伸缩器件。而压电陶瓷振子式是近年来常使用的超声波传感器类型。如图 7-2 所示是通用型超声波传感器的结构。此种类型的超声波传感器的主要元件是压电晶体，利用压电效应工作，将超音频脉冲电压加在超声波发射探头的压电晶片上，利用逆压电效应，向介质发射超声波。当有超声波作用在接收探头的压电晶片上时，利用压电效应，将接收到的超声波信号转换成电信号。其中，只有一个压电晶体的称为单压电振子型超声波传感器；有两个压电晶体的称为双压电振子型超声波传感器。

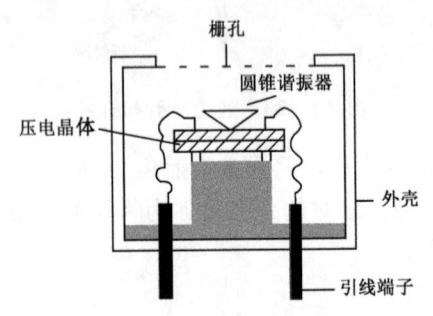

图 7-2　超声波传感器结构

超声波传感器的功能是将超声波辐射到空气或水中，或者接收辐射而来的超声波。因此，超声波传感器分为发送器和接收器，如图 7-3 所示。对于同一个超声波传感器也可具有发送和接收声波的双重功能，称为可逆传感器，图 7-4 所示的压电陶瓷超声波传感器实物，就为此种类型。一般情况下，超声波传感器用于近距离检测。市场上常用的超声波传感器根据功能主要分为以下三种。

图 7-3 TCT40-16T1&R1 型收发超声波传感器 　　图 7-4 TCF40-25TR1 型超声波传感器

1. 通用型

通用型超声波传感器一般采用双叠片形式：两片极化方向相同的压电片黏结在一起，构成双叠片形式；也可用一片压电片黏结在薄金属片上组成。当在两电端加上直流电压，由于正压电效应，当一片发生伸长应变时，另一片发生收缩应变，双叠片发生弯曲；改变电压方向，弯曲方向也发生改变。当双叠片发生弯曲振动时，从而产生与压电陶瓷振子同一频率的超声波。通过胶接在双叠片上的喇叭发射出去。同理，当超声波作用于双叠片时，会引起双叠片的振动，利用逆压电效应，在双叠片两电端会产生一个电信号，从而起到遥控作用。

通用型超声波传感器一般是由发送器和接收器组成的，其中 F（T）为发送器；S（R）为接收器，极性如图 7-5 所示。通用型超声波传感器的带宽为几千赫兹，具有灵敏度高、抗噪声干扰强的优点，其缺点是频率带宽较窄。通过拓宽超声波传感器带宽可以将频率一点一点地移动，也可实现多频道通信的用途。如图 7-6 所示的超声波传感器就是典型的通用型超声波传感器。

图 7-5 超声波发射器和接收器实物 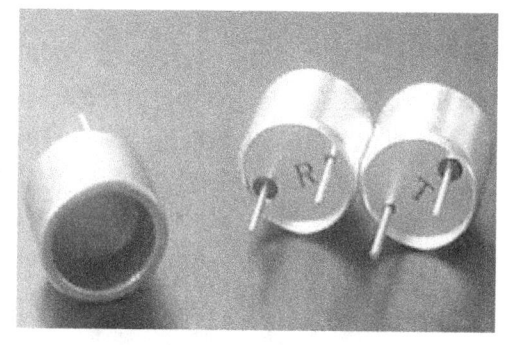　　图 7-6 TC40-16T/R 型通用型超声波传感器

2. 防水型

防水型超声波传感器是为了在室外也能够使用，而将其制作成的非开放型或密封结构的超声波传感器。它也是利用压电陶瓷的压电效应，当在压电陶瓷片上加一个电信号时，它会产生形变，引起振动从而发射出超声波，当碰到障碍物时，超声波反射回来又作用于压电陶瓷片上，产生一个电信号输出。利用声波传播速度不变的原理，根据发射出去和接收到信号之间的时间间隔，判断出障碍物与传感器的距离。如图 7-7～图 7-10 所示为不同种类的防水型超声波传感器。

图 7-7　40RS 型收发一体式防水型超声波传感器

图 7-8　SA009 型 ϕ22 单角度带线探头防水型超声波传感器

图 7-9　SA027 型 ϕ21 双角度带线探头防水型超声波传感器

图 7-10　SA014 型 ϕ22 单角度防水型超声波传感器

3. 高频型

通用型超声波传感器和防水型超声波传感器的中心频率都是几十千赫兹，实际上，频率在 100kHz 以上的超声波传感器也有出售，例如发射接收一体化的 MA200A1 型超声波传感器，其中心频率高达 200kHz，可以进行高分辨率测量。

除此之外，在日常生产生活中，我们经常应用到的超声波传感器如图 7-11～图 7-15 所示。

图 7-11　20MM JR601 型超声波换能片

图 7-12　一个开关量输出超声波传感器

第七章 超声波传感器 **第一篇**

图 7-13 二个开关量输出 M30 系列超声波传感器

图 7-14 对射式超声波传感器

图 7-15 模拟量输出超长扫描型超声波传感器

项目 17 超声波测距仪

任务引入

人耳最高只能感觉到大约 20 000 Hz 的声波,频率更高的声波就是超声波了。超声波有两个特点,即沿直线传播,能量大。

超声波的应用非常广泛。例如:在我国北方干燥的冬季,如果把超声波通入水罐中,剧烈的振动会使罐中的水破碎成许多小雾滴,再用小风扇把雾滴吹入室内,就可以增加室内空气湿度。这就是超声波加湿器的原理。对于咽喉炎、气管炎等疾病,药力很难达到患病的部位,利用加湿器的原理,把药液雾化,让病人吸入,能够增进疗效。如图 7-16 所示为超声波在医学方面的应用。除此之外,超声波在工矿业、农业、军事等各个领域都获得了广泛应用。如图 7-17 所示为超声波在工业印刷机械上的实际应用。

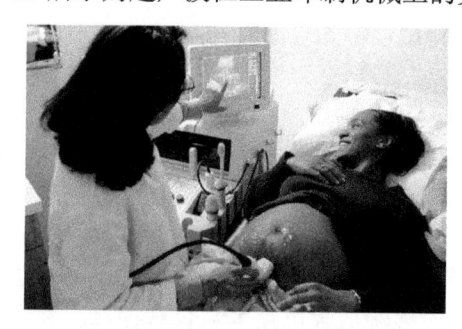

图 7-16 医疗超声波检测

图 7-17 超声波单双张检测器在四色胶印机中的应用

• 125 •

📡 原理分析

本项目中,我们就制作一个简易的超声波测距仪电路。该超声波测距仪通过超声波发射装置发出超声波,根据接收器接到超声波时的时间间隔就可以知道距离。即超声波发射器向某一方向发射超声波,在发射的同时开始计时,超声波在空气中传播,途中碰到障碍物就立即反射回来,超声波接收器收到反射波时停止计时。超声波在空气中的传播速度为340m/s,根据计时器记录的时间 t,就可以计算出发射点距障碍物的距离 s,即 $s=340t/2$。

超声波发射电路

如图 7-18 所示,利用 IC4 反相器 74LS04、R_3 和 R_4 电阻及 RP 电位器组成方波信号发生器,调整 RP 电位器使输出信号频率为 40kHz,发射控制端接高电平或者悬空,振荡器起振产生方波信号,相反,控制端接地,振荡器停振。因此,可利用发射控制端接高电平的时间长短来控制脉冲串的数量,通过超声波驱动电路 74LS04 加到超声波传感器,进而发射出超声波。由于超声波的传播距离与它的振幅成正比,为了使测距范围足够远,可对振荡信号进行功率放大后再加在超声波传感器上。

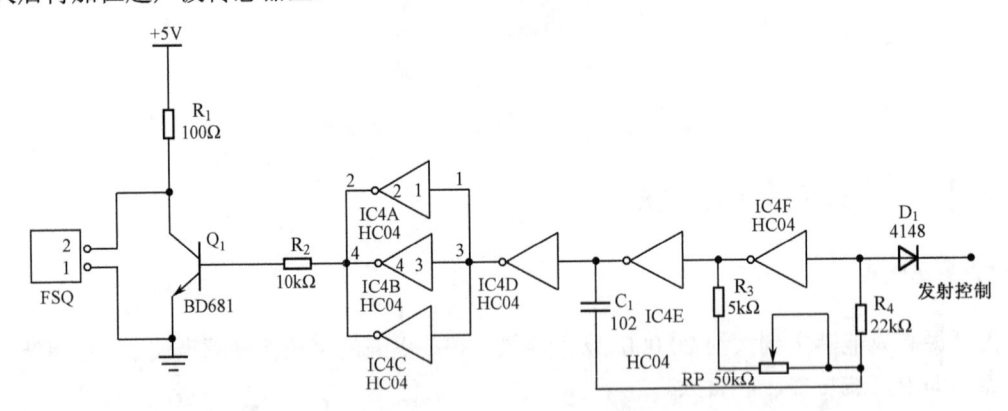

图 7-18 超声波发射器

图中,FSQ 为超声波发射传感器,是超声波测距系统中的重要器件。利用逆压电效应可将加在其上的电信号转换为超声机械波向外辐射;利用压电效应还可以将作用在它上面的机械振动转换为相应的电信号,从而起到能量转换的作用。市售的超声波传感器分为专用型和兼用型,专用型就是发送器用于发送超声波,接收器用于接收超声波。兼用型就是收发一体,只有一个传感器头,具有发送和接收声波的双重作用,称为可逆元件。

超声波接收电路

超声波接收及信号处理电路是此系统设计和调试的一个难点。超声波接收器接收反射的超声波转换为 40kHz 毫伏级的电压信号,需要经过放大、处理,用于触发单片机中断 INT0。一方面,传感器输出信号微弱,同时根据反射条件不同信号大小变化较大,需要放大大约 100~5000 倍;另一方面,传感器输出阻抗较大,这就需要高输入阻抗的多级放大电路,这就会引入两个问题:高输入阻抗容易接收干扰信号,同时多级放大电路容易自激振荡。参考各种资料，最后选用 SONY 公司的专用集成前置放大器 CX20106，达到了比较好的效果。超声波接收电路如图 7-19 所示。

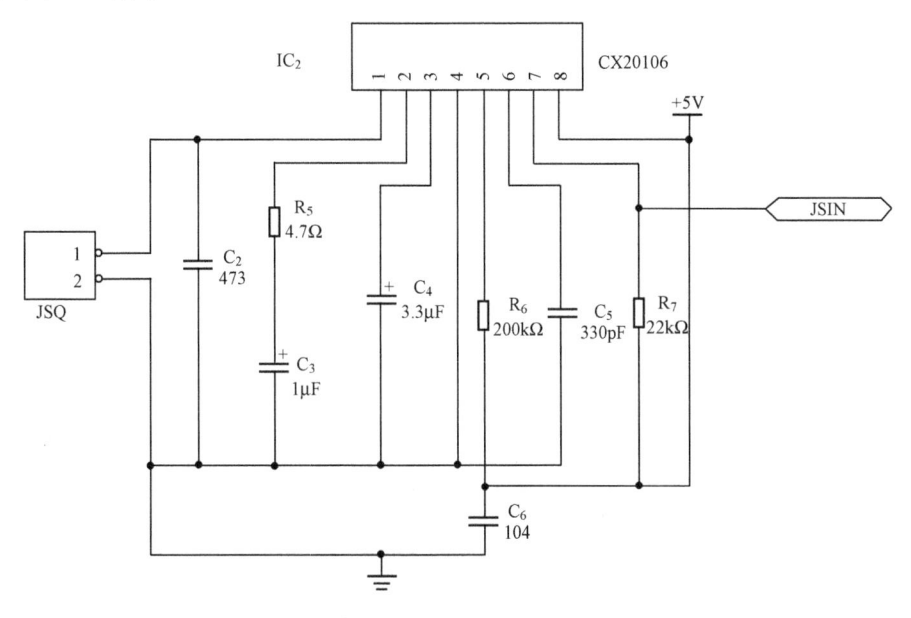

图 7-19　超声波接收电路

CX20106 由前置放大器、限幅放大器、带通滤波器、检波器、积分器、整型电路组成。其中，前置放大器具有自动增益控制功能，可以保证在超声波传感器接收较远反射信号并输出微弱电压时，放大器有较高的增益，以及在近距离输入信号过强时放大器不会过载。带通滤波器中心频率可由芯片脚 5 的外接电阻调节。其主要指标：单电源 5V 供电，电压增益 77～79dB，输入阻抗 27kΩ，滤波器中心频率 30 k～60 kHz。功能可描述为：在接收到与滤波器中心频率相符的信号时，其输出脚 7 脚输出低电平。芯片中的带通滤波器、积分器等使得它有很强的抗干扰能力。

CX20106 采用 8 脚单列直插式塑料封装，内部结构框图如图 7-20 所示。超声波接收器能将接收到的发射电路所发射的超声波信号转换成数十伏至数百伏的电信号，送到 CX20106 的①脚。CX20106 的总放大增益约为 80dB，以确保其⑦脚输出的控制脉冲序列信号幅度在 3.5～5V 范围内。总增益大小由②脚外接的 R_5、C_3 决定，R_5 越小或 C_3 越大，增益越高。C_3 取值过大时，将造成频率响应变差，通常取为 1μf。C_4 为检波电容，一般取 3.3μf。CX20106 采用峰值检波方式，当 C_4 容量较大时，将变成平均值检波，瞬态响应灵敏度会变低，C_4 较小时虽然仍为峰值检波，且瞬态响应灵敏度很高，但检波输出脉冲宽度会发生较大变动，容易造成解调出错而产生误操作。R_6 为带通滤波器中心频率为 f_0 的外部电阻，改变 R_6 阻值，可改变载波信号的接收频率，当 f_0 偏离载波频率时，放大增益会显著下降。C_5 为积分电容，一般取 330pf，若取值过大，虽然可使抗干扰能力增强，但也会使输出编码脉冲的低电平持续时间增长，造成遥控距离变短。⑦脚为输出端，CX20106 处理后的脉冲信号由⑦脚输出。通过识别⑦脚脉冲信号，就能判断是否接收到发射器所发射的超声波信号。

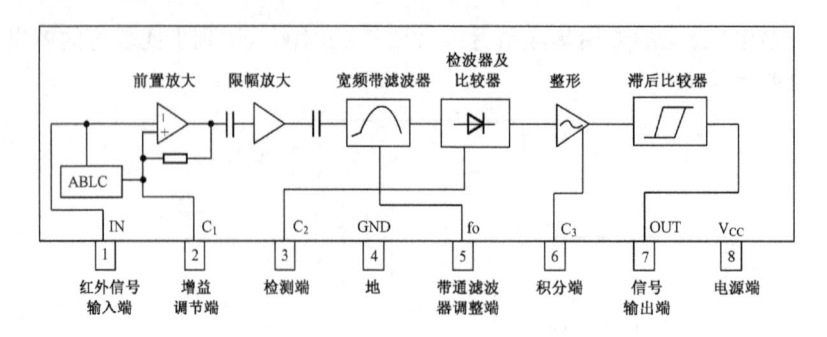

图 7-20 CX20106 内部结构框图

任务实施

1．准备阶段

制作超声波测距仪电路元器件清单见表 7-1，本电路的核心元件是超声波发射、接收传感器，集成块采用 74HC04 和 CX20106，如图 7-21、图 7-22 所示，其结构如图 7-23、7-24 所示。电源电压范围是 3～25V。电路散件元器件如图 7-25 所示。

表 7-1 超声波测距仪元器件清单列表

元 器 件		说　明	元 器 件		说　明
超声波发射器	Fs	T	电阻	R_1	100Ω
超声波接收器	Js	R		R_2	10kΩ
反相器	IC_1	74HC04		R_3	5kΩ
前置放大器	IC_2	CX20106		R_4	22kΩ
电容	C_1	102		R_5	4.7Ω
	C_2	473		R_6	200kΩ
	C_3	1μf		R_7	22kΩ
	C_4	3.3μf	插座	CZ	4 个端子
导线	多芯线	4 根			

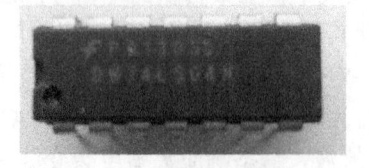

图 7-21 74HC04 集成块 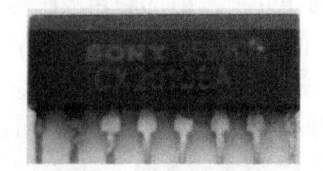　　　图 7-22 CX20106 集成块

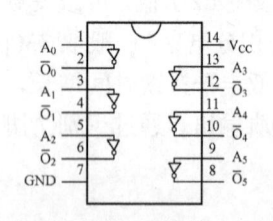

图 7-23 74HC04 集成块结构图 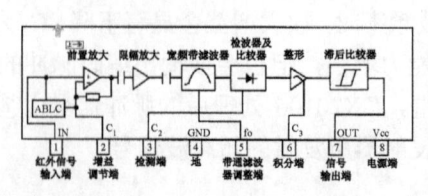　　图 7-24 CX20106 集成块结构图 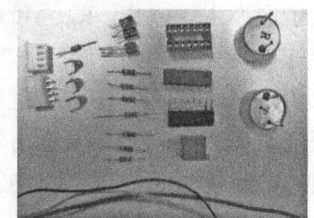　　图 7-25 超声波测距仪主要元件

2. 制作步骤

（1）利用 Protel 软件绘制超声波测距仪电路原理图，如图 7-26 所示。

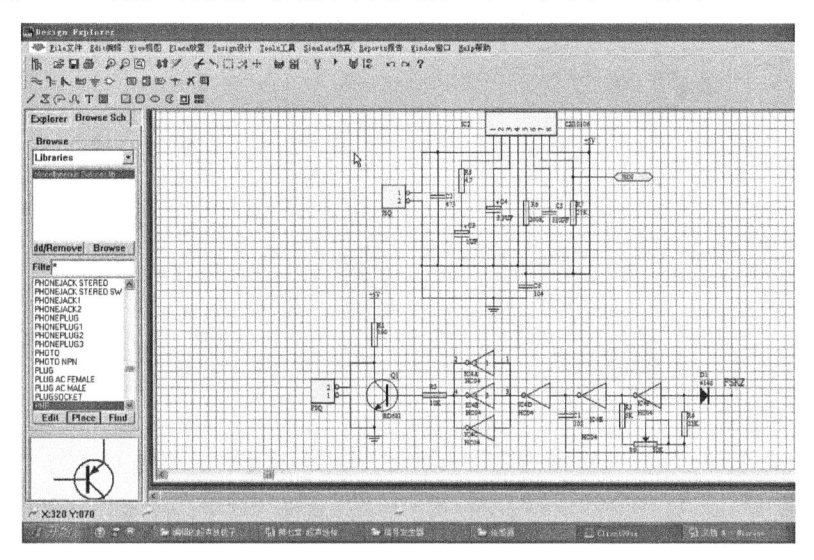

图 7-26　绘制好的超声波测距仪

（2）绘制超声波测距仪 PCB 图

由于本电路需要较强的抗干扰能力，所以要制作单面 PCB。根据要求首先量好板子尺寸，本文设计的板子尺寸为：12cm×8cm。将发射电路与接收电路器件分开放置，防止产生干扰；发射电路、接收电路的地线汇聚点在接线端子处；高频线路导线布线以最短为原则；元件摆放尽量紧凑，如图 7-27 所示。

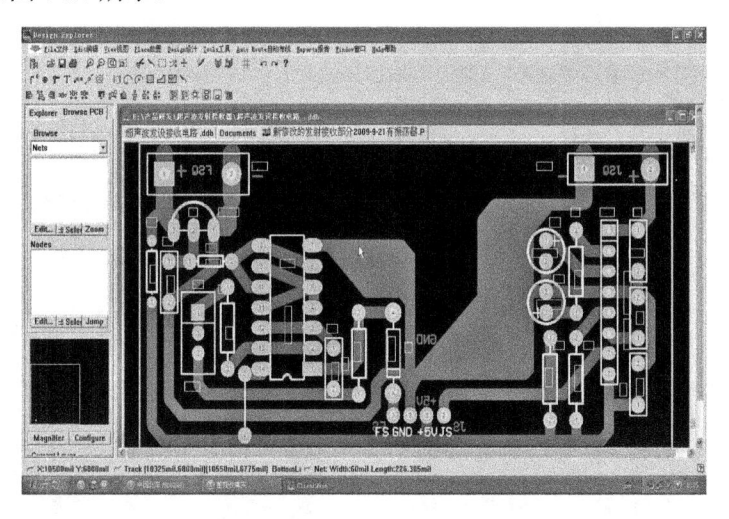

图 7-27　生成超声波测距仪 PCB 图

（3）打印热转印纸

用激光打印机将设计好的图形打印到热转印纸上，注意打印反图，如图 7-28 所示。

(4) 处理覆铜板表面

量好覆铜板尺寸，用铁锯截取下来，然后用去污粉擦洗表面，或者用 0 号砂纸轻轻打磨表面，禁止使用粗的砂纸打磨表面，如图 7-29 所示。

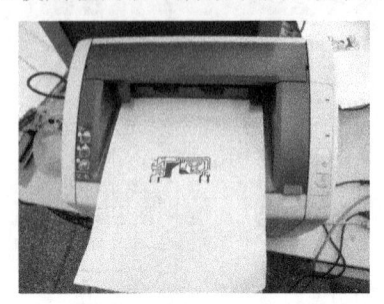

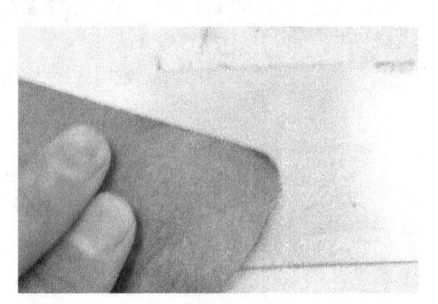

图 7-28　打印热转印纸　　　　　　图 7-29　处理覆铜板表面

(5) 热转印线路板

将打印出来的图形放到处理过的覆铜板表面，并用胶带固定，防止错位。将覆铜板放到热转印机中，加温、加压三分钟后移出来。也可以用电熨斗尝试，注意控制好电熨斗的温度，然后缓慢运行，如图 7-30 所示。

(6) 去掉转印纸

待转印好的覆铜板自然冷却后，揭掉转印纸，PCB 图形即印到覆铜板表面了。然后用油性记号笔修补断线、砂眼等处，等待下一步腐蚀，如图 7-31 所示。

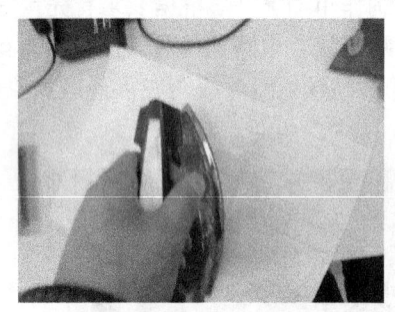

图 7-30　热转印线路板　　　　　　图 7-31　去掉转印纸

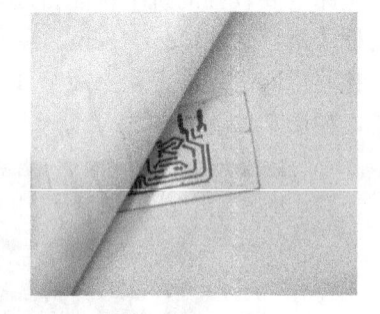

(7) 配置腐蚀液

将稀盐酸和双氧水按 1∶5 比例，分别注入放有少量水的塑料盆中（混合液量能淹没 PCB 板子即可），如图 7-32 所示。然后用玻璃棒搅拌均匀等待使用，如图 7-33 所示。

图 7-32　配比腐蚀液　　　　　　图 7-33　搅拌腐蚀液

(8) 腐蚀板子

将待腐蚀的 PCB 板子线路朝上,放入盆中,然后用长毛软刷往返均匀轻刷,及时清除化学反应物,加快腐蚀速度,不能用硬刷,以免将导线或者焊盘刷掉。待不需要的铜箔完全消除后,及时取出,清洗干净,如图 7-34 所示。注意:腐蚀液呈酸性,对皮肤、衣物有腐蚀,不要弄到身上或者手上。

(9) 打孔

将 PCB 板子钻孔,插装焊接元器件。孔径要根据元件管脚直径来确定,通常孔径为元器件管脚直径+0.3mm 左右为宜。钻孔可用台钻或者手电钻,如图 7-35 所示。钻孔时,钻头进给速度不要太快,防止焊盘出现毛刺。

图 7-34 腐蚀电路板　　　　图 7-35 电路板钻孔

(10) 表面处理

用去污粉或者 0 号砂纸(不可以用粗砂纸)再次打磨,去掉转印留下的油漆或者打印机的碳粉,如图 7-36 所示。直到印制线条和焊盘光洁明亮,然后清洗 PCB 板子,最后用助焊剂(松香酒精液体混合)涂抹表面,防止表面氧化,如图 7-37 所示。

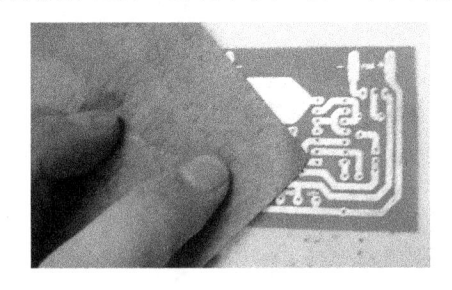

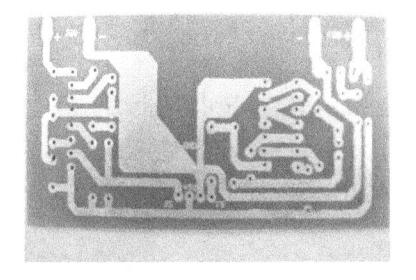

图 7-36 表面打磨　　　　图 7-37 成型的超声波测距仪电路板

(11) 根据电路原理图,结合实物完成超声波测距仪电路布局。实物布局图如图 7-38 所示,供读者参考。

(12) 安装电子元器件

安装电子元件时,一般先安装小的元件,如电阻、电容等,然后再安装较大的器件,如集成块等,安装要整齐、规范。

(13) 焊接元器件

焊接操作时,确保焊点圆润、光滑、饱满,防止出现假焊现象;注意电烙铁焊接时间不要太长,一般为 3ms 左右,防止损坏覆铜板上的铜条,或者损坏元器件;最后安装插座和导线，如图 7-39 所示。

图 7-38　安装布局图　　　　　　　　　图 7-39　焊接元器件

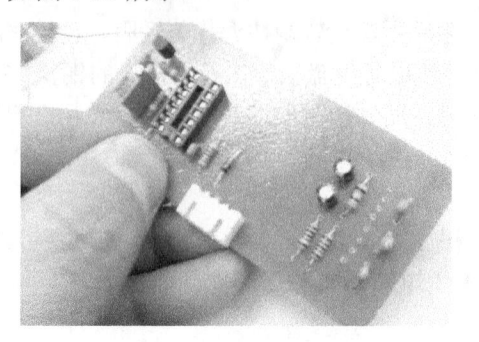

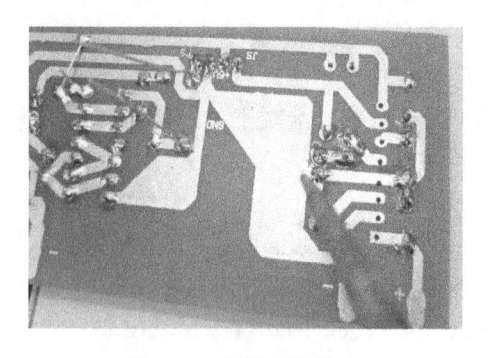

安装时，还要注意区别超声波发射传感器和接收传感器及正负极。T 代表发射器；R 代表接收器，如图 7-40 所示。制作成功的超声波测距仪电路如图 7-41 所示。

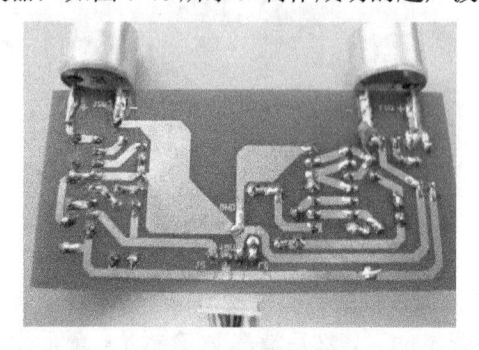

图 7-40　超声波发射器和接收器的区别　　　　图 7-41　制作成功的电路

（14）超声波发射电路调试

将元件焊接完成后，检查线路板、导线有无短路、断路现象。然后加上 5V 电源，用万用表测量 74LS04 插座电源电压 5V 是否正常，然后断开电源，再安装 74LS04 芯片，重新上电，调整 RP 电位器，用示波器观察输出方波信号直到频率为 40kHz 为止。如图 7-42 所示为振荡器输出的 40kHz 方波信号波形。

图 7-42　超声波发射电路调试

（15）超声波接收电路调试

接收电路电路的调试分两步：首先检查超声波接收器 R 是否正常，方法是用示波器探头卡住超声波接收器 R 的正极端，负极接地，然后将其对准示波器显示屏，调整示波器垂直挡位旋钮为最小值 2mV/div，直到出现如图 7-43 所示的正弦波形，说明接收器正常。如图 7-44 所示超声波接收器 R 正极端信号波形。

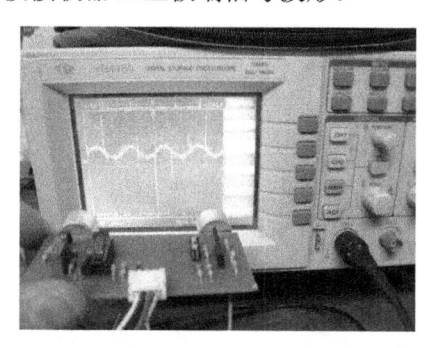

图 7-43　超声波接收电路调试　　　　图 7-44　超声波接收电路调试

然后检查前置级放大器 CX20106 及外围电路是否正常，方法是：使超声波发射器发射 40kHz 超声波，将超声波测量板探头对准示波器的荧光屏，用示波器探头测量 CX20106 芯片⑦脚，如果输出信号为脉冲信号，证明接收电路收到了发射器发出的超声波信号；将发射器控制端接地，通过示波器观察⑦脚脉冲信号消失，证明电路正常，没有产生自激振荡干扰。

3．制作注意事项

（1）画 PCB 时注意量好尺寸，器件摆放应整齐、紧凑。
（2）集成块的管脚顺序应正确，在电路完成之前不要将集成块插入管脚座。
（3）注意区分超声波发射器和接收器，不能装反。

4．完成实训报告

思考题

1．在超声波接收电路中，CX20106 有什么作用？
2．利用 NE555 电路能否产生 40kHz 的方波信号？画出电路图，有条件的同学可以尝试利用上述方法做一块 PCB。

阅读材料

每天 20 分钟超声波按摩就能长新牙

牙齿被称作不可再生的器官，一般认为，人过了换牙的年龄后，如果牙齿受损被拔掉，就不可能再长出来（图 7-45）。因此掉牙成为很多人无法回避的尴尬。然而，加拿大研究人员却利用一种超声波技术，研发出一种让牙齿重新生长的工艺，能让掉牙的人再次长牙，并能治疗很多牙科疾病。

据研究人员介绍，该技术的主要部分是一个微型超声波机器，只有食指指甲的一半大小。超声波机器需根据客户牙齿不同情况定制。随后该机器会被固定在微型支架上或可摘取的塑料套内,戴在要长牙的位置上。佩戴者通过激活机器内的无线电装置,就能按摩齿龈,并刺激牙根再长出牙齿来。无线电装置通过一个口袋大小的遥控器控制。

  据悉,这种超声波长牙机器可适用于任何人,如被撞掉牙的曲棍球选手、因意外被迫拔牙的中年人或贪玩磕掉牙的孩子。患者只需每天按摩20分钟,并持续四个星期,就能看到长出的新牙齿。

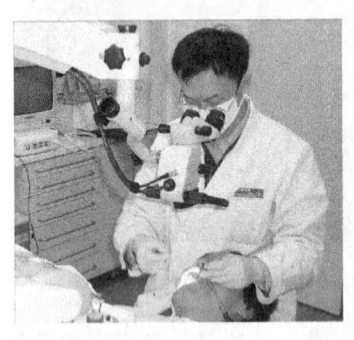

图7-45 牙齿对我们很重要

第八章　力传感器

力传感器的用途极广，在生产生活和科学科研中广泛应用于测力，除此之外在工农业生产、矿业、医学、国防、航空、航天、交通运输等许多领域都得到了广泛的应用。力的测量需要通过力传感器间接完成。图 8-1 为力传感器的测量示意框图。

→ 力敏感元件 → 转换元件 → 显示设备

图 8-1　力传感器的测量示意图

力传感器有许多种，主要是用于测量力、加速度、扭矩、压力、流量等物理量。这些物理量的测量都与机械应力有关，所以把这类传感器称为力传感器。力传感器的种类繁多，应用较为普遍的有：电阻式、电容式、磁阻式、振弦式、压阻式、压电式、光纤式等。目前，市场上的力传感器主要有以下几种：电阻式（电位器式和应变片式）、电感式（自感式、互感式和涡流式）、电容式、压电式、压磁式和压阻式等，这些传感器大多需要弹性敏感元件或其他敏感元件的转换。

一、电阻应变片传感器

1. 电阻应变效应

电阻应变片传感器是一种利用电阻应变效应将机械形变转换为电阻应变的传感器。导体或半导体材料在外力的作用下产生机械形变时，其电阻值亦将发生变化，这种现象称为电阻应变效应。根据电阻应变效应，可将应变片粘贴于被测材料上，这样被测材料受到外力作用产生的应变就会传送到应变片上，使应变片的电阻值发生变化，通过测量应变片电阻值的变化就可得知被测量的大小。任何非电量只要能设法变换为应变，都可以利用电阻应变片进行电测量。电阻应变片传感器由电阻应变片和测量电路两部分组成。

2. 电阻应变片的粘贴

应变片是通过黏合剂粘贴到试件上的，黏合剂的种类很多，选用时要根据基片材料、工作温度、潮湿程度、稳定性、是否加温加压、粘贴时间等多种因素合理选择黏合剂。

应变片的粘贴质量直接影响应变测量的精度，必须十分注意。应变片的粘贴工艺包括：试件贴片处的表面处理，贴片位置的确定，应变片的粘贴、固化，引出线的焊接及保护处理等。现将粘贴工艺简述如下：

① 试件的表面处理　为了保证一定的黏合强度，必须将试件表面处理干净，清除杂质、油污及表面氧化层等。粘贴表面应保持平整，表面光滑。最好在表面打光后，采用喷砂处理。面积约为应变片的 3～5 倍。

② 确定贴片位置　在应变片上标出敏感栅的纵、横向中心线，在试件上按照测量要求划出中心线。精密操作时，可以用光学投影方法来确定贴片位置。

③ 粘贴　首先用甲苯、四氢化碳等溶剂清洗试件表面。如果条件允许，也可采用超声清洗。应变片的底面也要用溶剂清洗干净，然后在试件表面和应变片的底面各涂一层薄而均匀的树脂等。贴片后，在应变片上盖上一张聚乙烯塑料薄膜并加压，将多余的胶水和气泡排出，加压时要注意防止应变片错位。应变片是通过黏合剂粘贴到试件上的。如图 8-2 所示为不同种类的黏合剂。应变片的粘贴质量直接影响应变测量的精度，如图 8-3 所示为应变片防护材料。

图 8-2　应变片黏合剂 　　　　　　图 8-3　应变片防护材料

④ 固化　贴好后，根据所使用的黏合剂的固化工艺要求进行固化处理和时效处理。

⑤ 粘贴质量检查　检查粘贴位置是否正确，黏合层是否有气泡和漏贴，敏感栅是否有短路或断路现象，以及敏感栅的绝缘性能等。

⑥ 引线的焊接与防护　检查合格后即可焊接引出线。引出导线要用柔软、不易老化的胶合物适当地加以固定，以防止导线摆动时折断应变片的引线。然后在应变片上涂一层柔软的防护层，以防止大气对应变片的侵蚀，保证应变片长期工作的稳定性。

3. 应变片的种类

应变片可分为金属应变片及半导体应变片两大类。前者可分成金属丝式、箔式、薄膜式三种。金属丝式应变片使用最早，有纸基、胶基之分。由于金属丝式应变片蠕变较大，金属丝易脱胶，有逐渐被箔式所取代的趋势，但其价格便宜，多用于要求不高的应变、应力的大批量、一次性试验。金属丝式应变片是用直径约为 0.025mm 的、具有高电阻率的电阻丝制成的，其结构如图 8-4 所示，实物如图 8-5 所示。为了获得高的阻值，电阻丝排成栅网状，并粘贴在绝缘的基片上，电阻丝的两端焊接有引出导线，线栅上面粘贴具有保护作用的覆盖层。

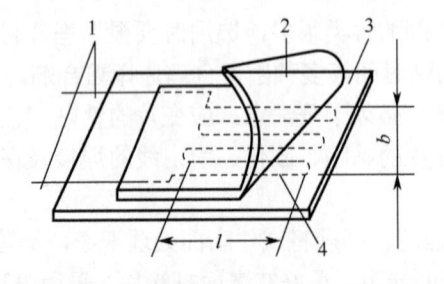

1—引出线；2—覆盖层；3—基底；4—电阻丝

图 8-4　电阻丝应变片结构示意图　　　　图 8-5　金属电阻丝应变片实物

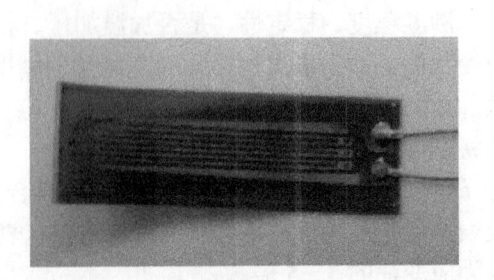

金属箔式应变片中的箔栅是金属箔通过光刻、腐蚀等工艺制成的。箔的材料多为电阻率高、热稳定性好的铜镍合金（康铜）。箔的厚度一般为 0.001～0.005mm，箔栅的尺寸、形状可以按使用者的需要制作，如图 8-6 所示就是其中的一种。由于金属箔式应变片与片基的接触面积比丝式大得多，所以散热条件较好，可允许流过较大的电流，而且长时间测量时的蠕变也较小。箔式应变片的一致性较好，适合于大批量生产，目前广泛用于各种应变式传感器的制造中，如图 8-7～图 8-9 所示为不同类型的箔式应变片。

图 8-6　BE350-4HA 型箔式应变片 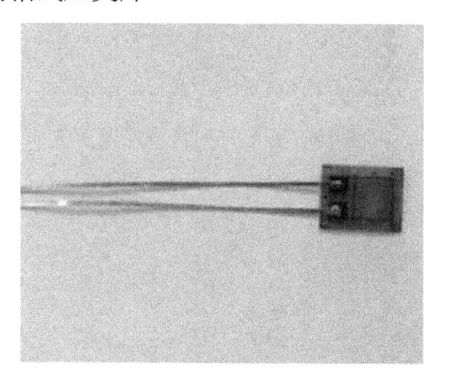　　　图 8-7　高精度技术箔式应变片

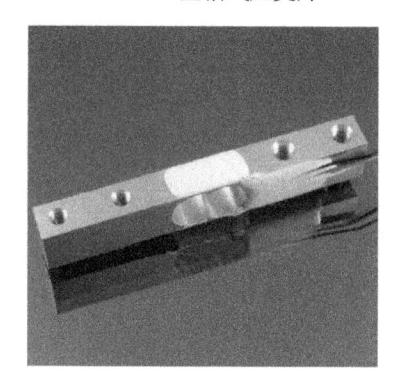

图 8-8　6kg 电阻应变式双孔压力传感器 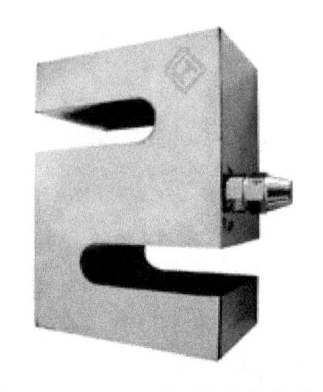　　图 8-9　ULT251 系列应变力传感器

在平面力场上，为测量某一点上主应力的大小和方向，常须测量该点上两个或三个方向的应变。为此需要把两个或三个方向的应变片逐个黏结成应变花，或直接通过光刻技术制成。应变花分为互成 45°的直角形应变花和互成 60°的等角形应变花两种基本形式，如图 8-10 和图 8-11 所示。

薄膜式应变片的敏感栅是由以蒸镀或溅射法沉积的金属、合金薄膜制成的，其厚度一般在 0.1μm 以下。实际上，通常是将薄膜式应变片与传感器的弹性体制成一个不可分割的整体，亦即在传感器弹性体的应变敏感部位表面上首先沉积形成很薄的绝缘层，然后在其上面沉积薄膜应变片的图形，然后再覆上一层保护层。由于薄膜式应变片与传感器的弹性体之间只有一层超薄绝缘层（厚度仅为几个纳米），很容易通过弹性体散热，因此允许通过比其他种类应变片更大的电流，并且可以获得更高的输出和更佳的稳定性，如图 8-12 和图 8-13 所示。

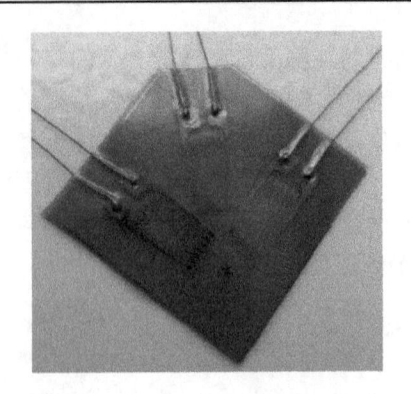

图 8-10　呈 45°的直角形应变花 　　　　图 8-11　呈 60°的等角形应变花

图 8-12　FSR400 型薄膜式应变片 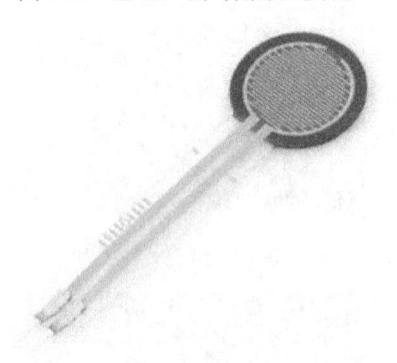　　　　图 8-13　FSR402 型薄膜式应变片

半导体应变片是用半导体材料作敏感栅而制成的，如图 8-14 所示。当它受力时，电阻率随应力变化而变化。它的主要优点是灵敏度高（灵敏度比金属丝式、箔式大几十倍），主要缺点是灵敏度的一致性差、温漂大、电阻与应变间非线性严重。在使用时，需采用温度补偿及非线性补偿措施。如图 8-15 所示为日常生活中常用的半导体应变片。

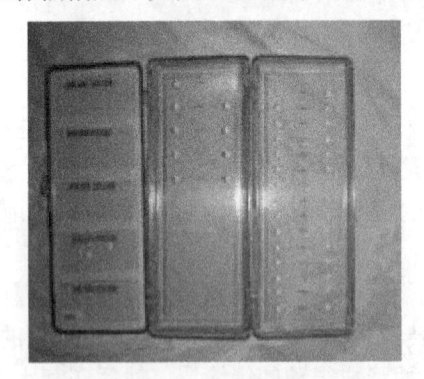

图 8-14　HU-101 型半导体应变片 　　　　图 8-15　MC-AF 型半导体应变计

4．测量转换电路

电阻应变片把机械应变信号转换为电阻变化量后，由于应变量及相应电阻变化一般都很微小，难以直接精确测量，且不便处理。因此，要采用转换电路把应变片的电阻变化转换成电压或电流变化，其转换电路常用测量电桥。如图 8-16 所示为桥式测量转换电路。电桥的一

个对角线结点接入电源电压 U_i，另一个对角线结点为输出电压 U_0。为了使电桥在测量前的输出电压为零，应该选择四个桥臂电阻，使 $R_1R_3=R_2R_4$ 或 $R_1/R_2=R_3/R_4$，这就是电桥平衡的条件。

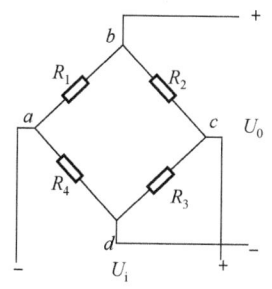

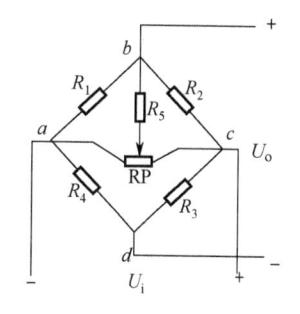

图 8-16　基本应变桥式测量转换电路　　　　图 8-17　桥路的调零测量电路

当每个桥臂电阻变化值 $\Delta R \ll R_i$，且电桥输出端的负载电阻为无限大时，为全等臂形式工作，即 $R_1=R_2=R_3=R_4$（初始值）时，电桥输出电压可用下式近似表示（误差小于 5%）

$$U_0 = U_i \left(\frac{\Delta R_1}{R_1} - \frac{\Delta R_2}{R_1} + \frac{\Delta R_3}{R_3} - \frac{\Delta R_4}{R_4} \right) \tag{8-1}$$

由于 $\Delta R_1/R = K\varepsilon_x$，当各桥臂应变片的灵敏度 K 都相同时，有

$$U_0 = \frac{U_i}{4} K (\varepsilon_1 - \varepsilon_2 + \varepsilon_3) \tag{8-2}$$

式中的 ε_1、ε_2、ε_3、ε_4 可以是试件的拉应变，也可以是试件的压应变，取决于应变片的粘贴方向及受力方向。若是拉应变，ε 应以正值代入；若是压应变，ε 应以负值代入。如果设法使试件受力后，应变片 $R_1 \sim R_4$ 产生的电阻增量（或感受到的应变 $\varepsilon_1 \sim \varepsilon_4$）正负号相间，就可以使输出电压 U_0 成倍地增大。根据不同的要求，应变电桥有不同的工作方式：

① 单臂半桥工作方式（即 R_1 为应变片，R_2、R_3、R_4 为固定电阻，$\Delta R_2 \sim \Delta R_4$ 均为零），此时电桥输出电压 $U_0 \approx \frac{\Delta R}{4R} U_i$。

② 双臂半桥工作方式（即 R_1、R_2 为应变片，R_3、R_4 为固定电阻，$\Delta R_3 = \Delta R_4 = 0$），此时电桥输出电压 $U_0 \approx \frac{\Delta R}{2R} U_i$。

③ 全桥工作方式（即电桥的四个桥臂都为应变片），此时电桥输出电压 $U_0 \approx \frac{\Delta R}{R} U_i$。

上述三种工作方式中，全桥工作方式的灵敏度最高，双臂半桥次之，单臂半桥灵敏度最低。采用双臂半桥或全桥的另一个好处是能实现温度自补偿的功能。当环境温度升高时，桥臂上的应变片温度同时升高，温度引起的电阻值漂移数值一致，代入式（8-1）中可以相互抵消，所以这两种桥路的温漂较小。实际使用中，R_1、R_2、R_3、R_4 不可能严格成比例关系，所以即使在未受力时，桥路的输出也不一定能为零，因此必须设置调零电路，如图 8-17 所示。调节 RP，最终可以使 $R_1/R_2=R_3/R_4$，电桥趋于平衡，U_0 被预调到零位，这一过程称为调零。图中的 R_5 用于减小调节范围的限流电阻。上述的调零方法在电子秤等仪器中被广泛使用。

项目 18　应变片的应用

任务引入

电子秤是日常生活中常见的称量仪表，广泛应用于各种场合，我们经常可以在超市、邮局等场所看到电子秤，如图 8-18 所示。应变式传感器在电子秤中的应用也很广泛，例如电子轨道衡、电子汽车秤、电子吊车秤、电子配料秤、电子皮带秤、电子定量灌包秤等。本项目中，我们来了解一下应变片这种传感器。

原理分析

首先做这样一个实验，取一根细电阻丝，两端接上一台数字式欧姆表，记下其初始阻值。当我们用力将该电阻丝拉长时，会发现其阻值略有增加。这是为什么呢？

图 8-18　电子秤

其实，这是因为，导体或半导体材料在外力的作用下产生机械变形时，其电阻值亦将发生变化，这种现象称为电阻应变效应。根据这种效应可将应变片粘贴于被测材料上，这样被测材料受到外力的作用产生的应变就会传送到应变片上，使应变片的电阻值发生变化，那么通过测量应变片电阻值的变化就可得知被测量的大小。接下来我们制作一个简单的小电路来验证应变片的工作原理。

本电路的核心元件是应变片，电路原理图如图 8-19 所示。所应用的元件共有三个：应变片、电位器、电阻，主要的想法是将应变片固定在万能板上，给电路接一个电流表，当对万能板用力时（也就是对应变片用力），会发现电流的大小发生了变化，因此可以证明应用应变片这种传感器将力转换成了电。

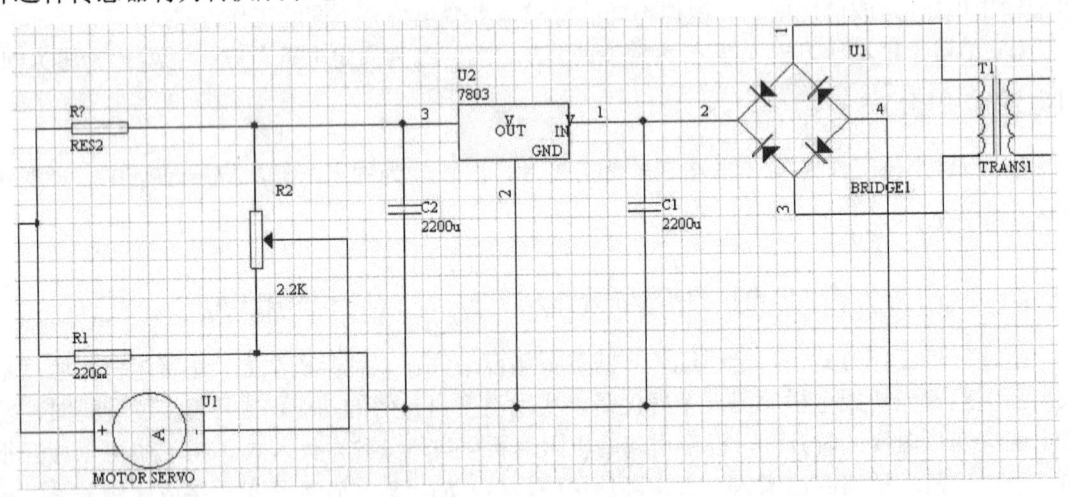

图 8-19　应变片的应用电路原理图

· 140 ·

任务实施

1. 准备阶段

制作应变片应用电路所需的元件清单见表 8-1，本电路的核心元件是金属电阻应变片。主要元器件如图 8-20 所示。

表 8-1 应变片电路清单

元器件	说明
应变片	5A
电位器	2.2kΩ
电阻	270Ω

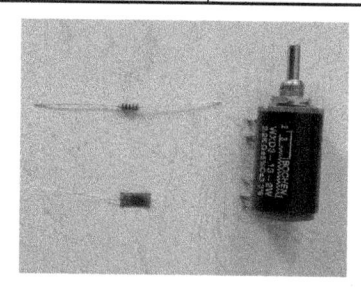

图 8-20 应变片应用电路主要元件

2. 制作步骤

（1）应变片应用电路电路布局设计。实物布局图如图 8-21 所示，供读者参考。

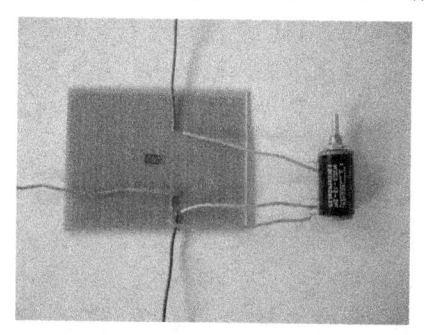

图 8-21 实物布局图参考

（2）元器件焊接。

在焊接元器件时，要注意合理布局，先焊小元件，后焊大元件，防止小元件插接后掉下来的现象发生。

（3）焊接完成后先自查，然后请教师检查。如有问题，修改完毕，再请教师检查。

（4）通电并调试电路。

本电路是应变片的应用电路，其调试过程是给电路串接一个电流表，然后用双手拿住万用板两侧轻轻掰弯万用板（也就是对应变片用力），会发现电流表的电流值发生了变化。由此验证了应变片的工作原理。在调试过程中可能出现的常见问题：①电路不工作，可能在制作粘贴过程中应变片损坏。②测量的灵敏度不高，在粘贴应变片过程中胶水使用过多或者不当。提示：在进行粘贴前，先在别的地方试用 502 胶水，掌握其使用特点。本电路结构简单无须过多调试，电路完成无误即可通电试验电路功能。

3．制作注意事项

（1）在调试过程中电位器抽头的位置决定应变片应用电路的测力范围，选择合适的电位器阻值可以使实验结果更为明显。

（2）应变片很脆弱，在制作过程中要注意保护应变片，避免发生损坏。

（3）粘贴应变片时，胶水的多少、粘贴质量的好坏都会影响应变的效果，用 502 胶水要迅速果断。

4．完成实训报告

思考题

应变片分为哪几类？

阅读材料

秤的发明

相传范蠡在经商中发现，人们在市场买卖东西，都是用眼估堆，很难做到公平交易，便产生了创造一种测定货物重量的工具的想法。

一天，范蠡在经商回家的路上，偶然看见一个农夫从井中汲水，方法极巧妙：在井边竖起一根高高的木桩，再将一根横木绑在木桩顶端；横木的一头吊着木桶，另一头系上石块，此上彼下，轻便省力。范蠡顿受启发，急忙回家模仿起来：他用一根细而直的木棍，钻上一个小孔，并在小孔上系上麻绳，用手来掂；细木的一头拴上吊盘，用以装盛货物，一头系一块鹅卵石作为砣；鹅卵石搬动得离绳越远，能吊起的货物就越多。于是他想：一头挂多少货物，另一头的鹅卵石要移动多远才能保持平衡，必须在细木上刻出标记才行。但用什么东西做标记好呢？范蠡苦苦思索了几个月，仍不得要领。

一天夜里，范蠡外出小解，一抬头看见了天上的星宿，便突发奇想，决定用南斗六星和北斗七星做标记，一颗星代表一两重，十三颗星代表一斤。从此，市场上便有了统一计量的工具——秤。

但是，时间一长，范蠡又发现，一些心术不正的商人，卖东西时缺斤少两，克扣百姓。他想：怎样把秤改进一下，杜绝奸商们的恶行呢？终于，他想出了将白木刻黑星改为红木嵌金属星形，并在南斗六星和北斗七星之外，再加上福、禄、寿三星，以十六两为一斤。目的是为了告诫同行：作为商人，必须光明正大，不能去赚黑心钱。并说："经商者若欺人一两，则会失去福气和幸福；欺人二两，则后人永远得不了'俸禄'（做不了官）；欺人三两，则会折损'阳寿'（短命）!"

就这样，秤这种计量工具便一代一代地流传了下来，并一直沿袭了两千多年，直至今天。

二、压电式传感器

1. 压电效应

某些电介质在沿一定方向上受到外力的作用而变形时，内部会产生极化现象，同时在其表面上产生电荷，当外力去掉后，又重新回到不带电的状态，这种现象称为压电效应。压电式传感器是一种典型的自发电式传感器。它以某些电介质的压电效应为基础，在外力作用下，在电介质表面产生电荷，从而实现非电量电测的目的。压电传感元件是力敏感元件，它可以测量最终能变换为力的那些非电物理量，由于其特殊性，主要用于动态力信号的测量。

（1）正压电效应：某些电介质在沿一定方向上受到外力的作用而变形时，内部会产生极化现象，同时在其表面上产生电荷，当外力去掉后，又重新回到不带电的状态，这种现象称为正压电效应（简称"压电效应"）。

（2）逆压电效应：在电介质的极化方向上施加交变电场或电压，它会产生机械变形，当去掉外加电场时，电介质变形随之消失，这种现象称为逆压电效应（电致伸缩效应）。故压电效应是可逆的。压电式传感器是一种典型的"双向传感器"。

2. 压电材料

图 8-22　LC05 系列石英晶体类型的压电式传感器

压电式传感器中的压电元件材料一般有三类：一类是压电晶体（单晶体）；另一类是经过极化处理的压电陶瓷（多晶体）；第三类是高分子压电材料。压电晶体中常用的是石英晶体，它是一种性能良好的压电晶体，其突出优点是性能非常稳定，在 20～200℃的范围内压电常数的变化率只有-0.0001/℃，如图 8-22 所示为石英晶体类型的压电式传感器。

压电陶瓷是人工制造的多晶压电材料，制造工艺成熟，通过改变配方或掺杂微量元素可使材料的技术性能有较大改变，可以方便地加工成各种需要的形状，以适应各种要求，如图 8-23 所示为适用于小车平衡机的陶瓷压电式传感器。在通常情况下，它比石英晶体的压电系数高得多，而制造成本却较低，因此，目前国内外生产的压电元件绝大多数都采用压电陶瓷，如图 8-24 所示为压电陶瓷片。

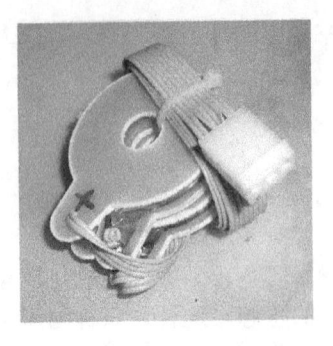

图 8-23　陶瓷压电式传感器　　　　图 8-24　压电陶瓷片

高分子压电材料是近年来发展很快的一种柔软的新型压电材料，如图 8-25 所示的压电电缆，可根据需要制成薄膜或电缆套等形状，经极化处理后就显现出压电特性。它不易破碎，具有防水性，可以大量连续拉制，制成较大面积或较长的尺度，因此价格便宜。

图 8-25　压电电缆

压电式传感器具有体积小、质量轻、频响高、信噪比大等特点。由于它没有运动部件，因此结构坚固，可靠性、稳定性高。近年来，随着电子技术的发展，已可以将测量转换电路与压电探头安装在同一壳体中，从而实现微型化、智能化测量，使用起来十分方便。

3．压电式传感器测量电路

（1）压电元件的等效电路

由压电元件的工作原理可知，压电元件在承受外力作用时，就产生电荷，故它相当于一个电荷发生器，当压电元件表面聚集电荷时，它又相当于一个以压电材料为介质的电容器，其两电极板间的电容 C_a 为

$$C_a = \frac{\varepsilon_r \varepsilon_0 s}{d} \tag{8-3}$$

式中，s——压电元件电极面面积；
　　　　d——压电元件厚度；
　　　　ε_r——压电材料的相对介电常数；
　　　　ε_0——真空的介电常数。

因此，可以把压电元件等效为一个电荷源与一个电容相并联的电荷等效电路，也可以等效为一个与电容相串联的电压源，如图 8-26 所示。端电压 U、电荷量 Q 和电容量 C_a 三者的

关系为

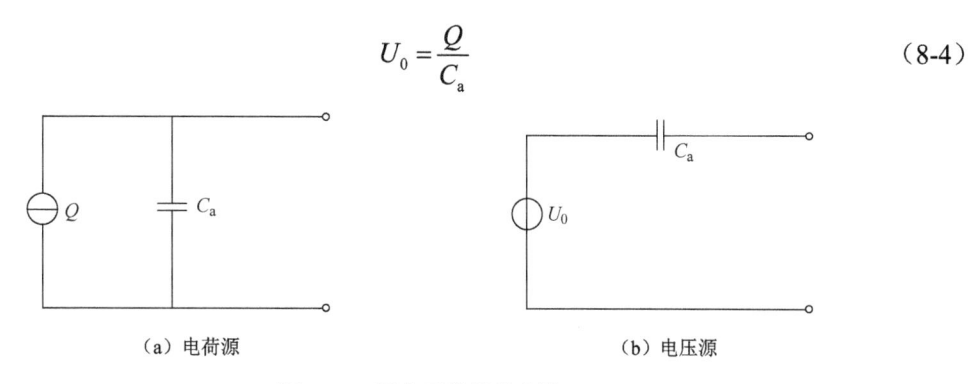

$$U_0 = \frac{Q}{C_a} \tag{8-4}$$

(a) 电荷源　　　　　　　　　　　(b) 电压源

图 8-26　压电元件等效电路

当压电式传感器与二次仪表配套使用时，还应考虑到连接电缆的分布电容 C_c。设放大器的输入电阻为 R_i，输入电容为 C_i，那么完整的等效电路如图 8-27 所示，图中 R_a 是压电元件的漏电阻，它与空气的湿度有关。

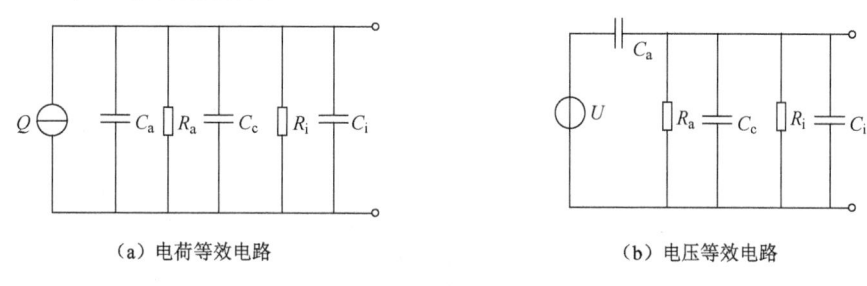

(a) 电荷等效电路　　　　　　　　(b) 电压等效电路

图 8-27　压电式传感器测试系统等效电路

由于外力作用在压电元件上产生的电荷只有在无泄漏的情况下才能保存，因此需要测量回路具有无限大的输入阻抗，这实际上是不可能的，因此压电式传感器不能用于静态测量。压电元件在交变力的作用下，电荷可以不断补充，可以供给测量回路一定的电流，故只适用于动态测量。

（2）压电式传感器的测量电路

为了使压电元件能正常工作，它的负载电阻（即前置放大器的输入电阻 R_i）应有极大的值。因此与压电元件配套的测量电路的前置放大器有两个作用：一是放大压电元件的微弱电信号；二是把高阻抗输入变换为低阻抗输出。根据压电元件的工作原理及如图 8-26 所示的两种等效电路，前置放大器也有两种形式：一种是电压放大器，其输出电压与输入电压（压电元件的输出电压）成正比；另一种是电荷放大器，其输出电压与输入电荷成正比。

① 电荷放大器　电荷放大器是一种输出电压与输入电荷量成正比的放大器。考虑到 R_a、R_i 阻值极大，电荷放大器等效电路如图 8-28 所示，图中集成运放增益为 A，C_f 为反馈电容，C_f 折合到输入端的电容值为 $(1+A)C_f$，与 C_a、C_c、C_i 并联，则放大器输入电压为

$$U_i = \frac{q}{C_a + C_c + C_i + (1+A)C_f} \tag{8-5}$$

放大器输出电压为

$$U_i = -U_i \frac{-Aq}{C_a + C_c + C_i + (1+A)C_f} \tag{8-6}$$

由于 $(1+A)C_f \gg C_a+C_c+C_i$,且 A 通常为 $10^4 \sim 10^6$,所以

$$U_o \approx \frac{-Aq}{(1+A)C_f} \approx -\frac{q}{C_f} \tag{8-7}$$

由式（8-7）可见，电荷放大器的输出电压 U_o 与电缆电容 C_c 无关，且与 q 成正比，这是电荷放大器的最大特点。

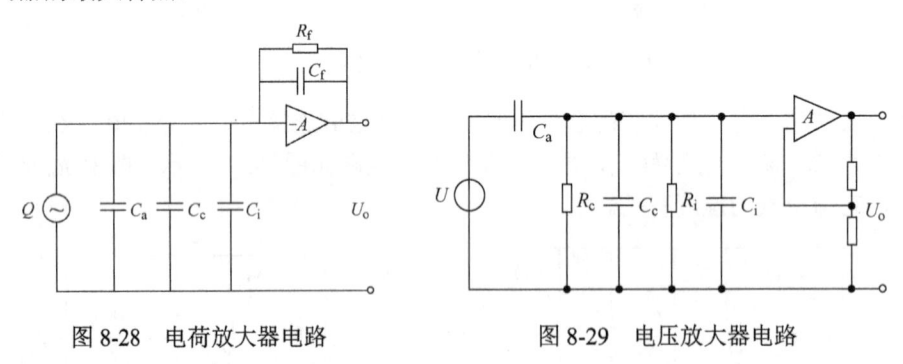

图 8-28　电荷放大器电路

图 8-29　电压放大器电路

② 电压放大器。

因为压电式传感器的内阻抗极高，因此它需要与高输入阻抗的前置放大器配合。将图 8-26（b）中压电元件等效为电压输出电路，并接入一放大倍数为 A 的放大器中，简化成如图 8-29 所示电路。如果压电元件受到交变力 $\tilde{F}$ =Fsin ωt 的作用，经理论分析，则放大器输入端的输入电压为

$$U_i = \frac{dF_m}{C_a + C_c + C_i} \tag{8-8}$$

导致电压放大器的输入电压与屏蔽电缆线的分布电容 C_c 及放大器的输入电容 C_i 有关，它们均是变数，会影响测量结果，故目前多采用性能稳定的电荷放大器。

项目 19　声控玩具娃娃

任务引入

每一个女孩子小时候都渴望有一个漂亮的娃娃，当你轻轻拍打她的时候，她能发出啼哭声或美妙的音乐。娃娃之所以能发出这样的声音就是在它的内部存在压电式传感器作为她的感知器官。更高级的娃娃就是机器人（Robot），如图 8-30 所示为各种不同类型的机器人。机器人可以通过程序控制的方式，实现特定动作，通过它协助或取代人类的工作，例如工业、建筑业，或是危险的工作。而对于较高级的机器人来说，需要加装一些传感器以帮助机器人更好地"感知世界"，这样才可能实现更加复杂的动作，而压电式传感器是不可或缺的感知器官。

第八章 力传感器 **第一篇**

(a) 奥运会中使用的福娃机器人　　(b) 极限作业机器人

(c) 仿人乐队机器人　　(d) 军事机器人

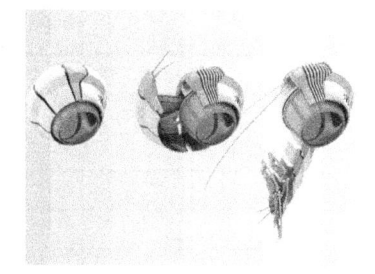

图 8-30　机器人

原理分析

本项目中，我们就制作一个简易的声控玩具娃娃电路。声控玩具娃娃电路比较简单，我们还可以将其改装成音乐贺年卡的音乐电路、声控音响电路等。该电路主要由压电式传感器和晶体三极管组成。压电式传感器由压电单晶、压电多晶和有机压电材料制成，其特点是受外力作用而发生形变（包括弯曲和伸缩形变）时，在表面产生电荷。压电陶瓷片 Y 是声音信号接受元件。工作时，压电陶瓷片 Y 将感受到的瞬时声音信号（如拍手声），转变为微弱的脉冲电信号，经由三极管 VT 放大后，给音乐片 A 的触发端 2 脚提供触发信号，音乐片被触发工作，通过蜂鸣器发出动听的音乐声。声控玩具娃娃电路原理图如图 8-31 所示。

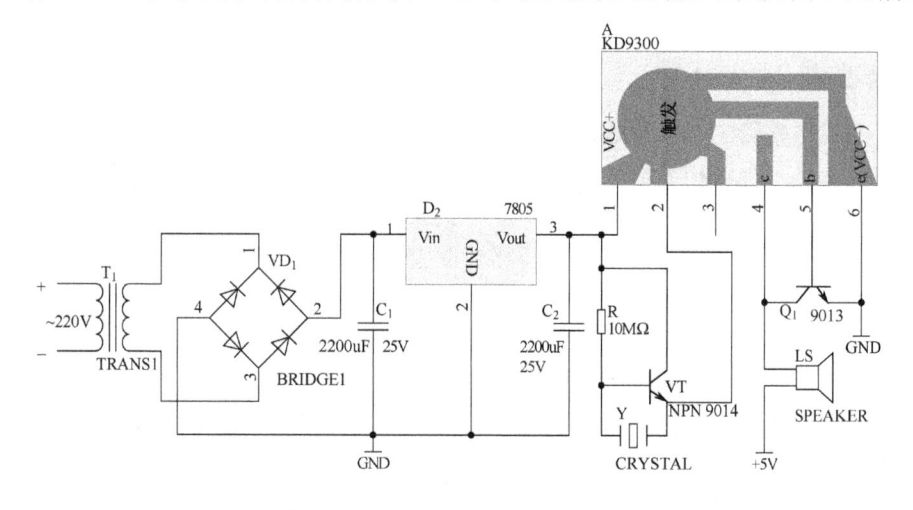

图 8-31　声控玩具娃娃电路原理图

任务实施

1. 准备阶段

制作声控玩具娃娃电路所需的元件清单见表 8-2，本电路的核心元件是压电式传感器。在外力作用下，压电式传感器的导电能力发生改变。在电路中应用了 9300 音乐片，其各引脚功能如图 8-32 所示。电路主要元器件如图 8-33 所示。

表 8-2 声控玩具娃娃元器件清单列表

元 器 件		说 明
音乐片	A	9300
压电式传感器	Y	
蜂鸣器	SPEAKER	8Ω 0.5W
三极管	VT	NPN 9014
三极管	Q_1	NPN 9013
电阻	R	10MΩ

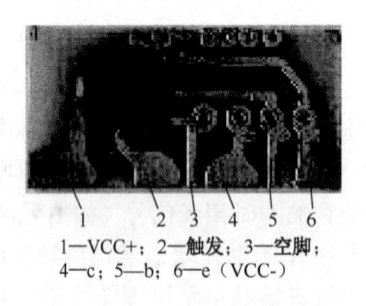

1—VCC+；2—触发；3—空脚；
4—c；5—b；6—e（VCC-）

图 8-32 音乐片各引脚功能

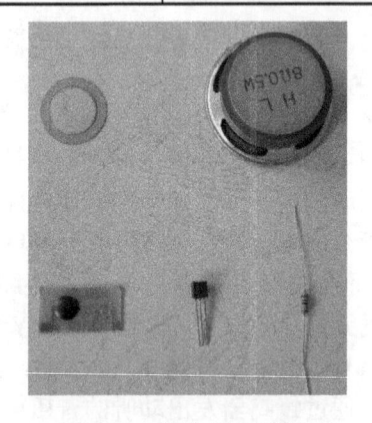

图 8-33 电路主要元器件

2. 制作步骤

（1）压电式传感器的制作及测量。

压电陶瓷片是一种结构简单、轻巧的器件，因具有灵敏度高、无磁场散播外溢、不用铜线和磁铁、成本低、耗电少、修理方便、便于大量生产等优点而获得了广泛应用。压电片的市场价格为 0.08 元/片～0.5 元/片左右，价格较便宜。如图 8-34 所示为压电陶瓷片。压电陶瓷片适用于超声波和次声波的发射和接收，比较大面积的压电陶瓷片还可以用于检测压力和振动，工作原理是利用压电效应的可逆性，在其上施加音频电压，就可产生机械振动，从而发出声音。如果不断对压电陶瓷片施加压力，它还会产生电压和电流。

在制作压电式传感器时，只需将引线一端与铜片连接，另一端与压电陶瓷连接，利用焊锡将引线分别与铜片、压电陶瓷牢牢焊住就可进行使用，如图 8-35 所示。

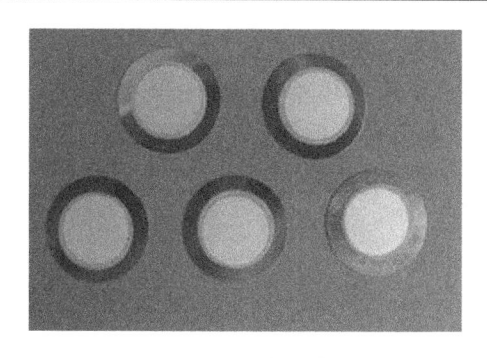

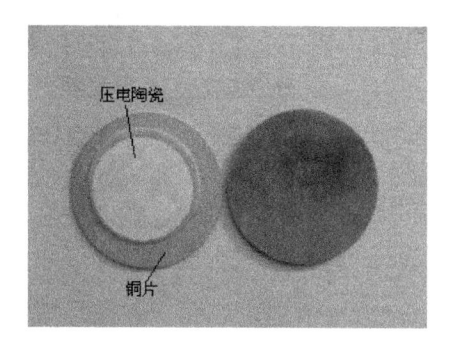

图 8-34 压电陶瓷片　　　　图 8-35 压电陶瓷片的连接

压电式传感器的测量可以应用万用表进行。

第一种方法：

将万用表的量程开关拨到直流电压 2.5V 挡，左手拇指与食指轻轻捏住压电陶瓷片的两面，右手持万用表的表笔，红表笔接金属片，黑表笔横放在陶瓷表面上，然后左手稍用力压一下，随后又松一下，这样在压电陶瓷片上产生两个极性相反的电压信号，使万用表的指针先向右摆，接着回零，随后向左摆一下，摆幅约为 0.1~0.15V，摆幅越大，说明灵敏度越高。若万用表指针静止不动，说明内部漏电或破损。其原理是：当用手指按压压电陶瓷片时，就会在其上产生电压信号，从而使万用表的指针按上述规律摆动。在所施加的压力相同的情况下，指针的摆动幅度越大，则说明压电陶瓷片的灵敏度越高；如果指针不动或者不回零，则说明其内部漏电或者破损。

切记：不可用湿手捏压电陶瓷片；测试时万用表不可用交流电压挡，否则观察不到指针摆动；且测试之前最好用 R×10k 挡，测其绝缘电阻应为无穷大。

第二种方法：

用 R×10k 挡测两极电阻，正常时应为∞，然后轻轻敲击陶瓷片，指针应略微摆动。

（2）根据电路原理图，结合实物完成电路布局。实物布局图如图 8-36 供读者参考。

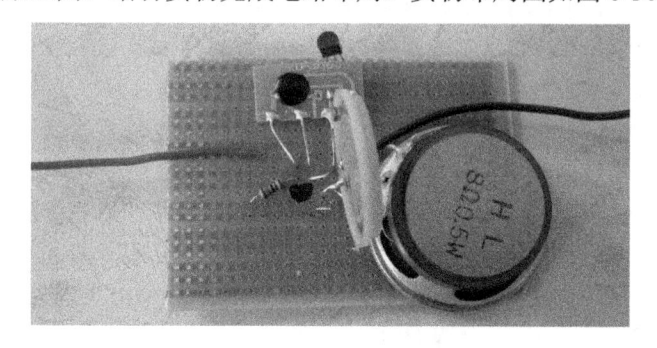

图 8-36 实物布局图参考图

（3）元器件焊接

在焊接元器件时，要注意合理布局，先焊小元件，后焊大元件，防止小元件插接后掉下来的现象发生。

（4）焊接完成后先自查，然后请教师检查。如有问题，修改完毕，再请教师检查。

（5）通电并调试电路

给电路接上电源，若电路制作正确，压电晶体在外界环境声音变化时，产生电效应，对音乐片 A 产生触发，音乐片 A 输出音乐电信号，由蜂鸣器播放音乐，时间长约 20s。如果触发端一直保持高电平，那么它将一遍又一遍重复播放音乐，直到压电式传感器不受外界影响。调试过程中常见问题：①电路若不工作，可能是元器件连接错误。②三极管发热，可能是因为管脚接错。

3．制作注意事项

（1）三极管的极性；
（2）三极管 9013 和 9014 不要混淆，避免连接错误；
（3）音乐片上有空孔没用；
（4）压电陶瓷片要接引线。

4．完成实训报告

思考题

1. 在电路中应用的大偏置电阻是 10MΩ 的，为什么采用这样大的电阻？
2. 如果将电阻 R 和压电式传感器的位置对调，对声控玩具娃娃电路有影响吗？

阅读材料

压力传感器直接接触或接近被测对象而获取信息。压力传感器与被测对象同时处于被干扰的环境中，不可避免地会受到外界的干扰。尤其是压电式压力传感器和电容式压力传感器很容易受干扰。压电式传感器是一种典型的自发电式传感器。它以某些电介质的压电效应为基础，在外力作用下，在电介质表面产生电荷，从而实现非电量电测的目的。压电传感元件是力敏感元件，它可以测量最终能变换为力的那些非电物理量，由于其特殊性，主要用于动态力信号的测量。

压力传感器的抗干扰措施一般从结构上下手。智能压力传感器还可以从软件上着手解决。改进压力传感器的结构，在一定程度上可避免干扰的引入，可有如下途径：将信号处理电路与传感器的敏感元件做成一个整体，即一体化。这样，须传输的信号增强，提高了抗干扰能力。同时，因为是一体化的，也就减少了干扰的引入。集成化传感器具有结构紧凑、功能强的特点，有利于提高抗干扰能力；智能化传感器可以在软件上采取抗干扰措施，如数字滤波、定时自校、特性补偿等措施。

压电式传感器具有体积小、质量轻、频响高、信噪比大等特点。由于它没有运动部件，因此结构坚固，可靠性、稳定性高。压电式传感器可用于力、压力、速度、加速度、振动等许多非电量的测量，可做成力传感器、压力传感器、振动传感器等，如图 8-37 所示为压电式传感器的实际应用。近年来，随着电子技术的发展，已可以将测量转换电路与压电探头安装在同一壳体中，从而实现微型化、智能化测量，方便使用。

第八章 力传感器　**第一篇**

（a）压电式测力传感器　　　　　　　　（b）压电式加速度传感器

图 8-37　压电式传感器的实际应用

项目 20　保险柜防盗报警电路

任务引入

偷盗现象不仅使国家、单位及个人蒙受了损失，也增加了社会不稳定因素。为了防止物品丢失，银行和经营金银首饰、古玩字画等贵重物品的商店里，经常配有保险柜（图 8-38）。本项目中，将应用压电陶瓷片制作一个保险柜防盗报警电路。

图 8-38　保险柜实物

原理分析

保险柜防盗报警电路如图 8-39 所示。电路中所应用的传感器是 HTD 压电陶瓷片，当压电陶瓷片受到机械振动，由于压电效应，它的两端就会产生感应电压，表面将积聚电荷，驱动其旁边的红外管发出红外线，接收头接收到红外信号，经三极管放大后点亮两个 LED 发光管。如果把 LED 发光管换成光电耦合器，我们就可以使用任意功率的负载，比如各种声光报警器，甚至控制相应大门的关闭等。

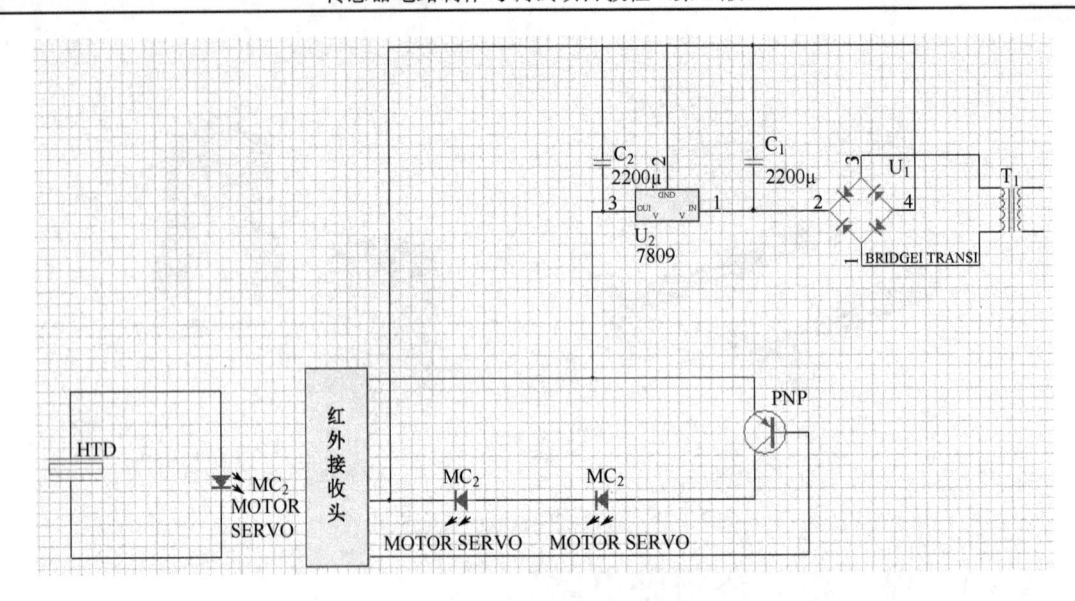

图 8-39　保险柜防盗报警电路

任务实施

1. 准备阶段

制作本电路的核心元件是压电陶瓷片，元器件清单见表 8-3。

表 8-3　保险柜防盗报警电路元器件清单

元 器 件	说　　明
压电陶瓷片	直径 25mm
红外管	直径 5mm
电视机红外接收头	
LED	直径 5mm×2
三极管	A1015

2. 制作步骤

（1）压电陶瓷片性能测试

可采用项目 19"声控玩具娃娃"中介绍的两种方法测量压电陶瓷片性能的好坏。注意：也可用万用表的直流 50μA 挡检测压电陶瓷片的质量好坏，其检测方法同上，但万用表的指针偏转约 1~3μA；检测时，不要用力过大，也不能使表笔头滑伤压电陶瓷片；若在压电陶瓷片上一直施加恒定的压力，由于电荷的不断泄漏，指针摆动一下就会慢慢地回零，这属正常现象（图 8-40）。

第八章 力传感器 第一篇

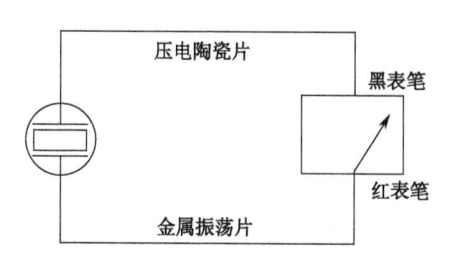

图 8-40 用万用表检测压电陶瓷片的质量性能

图 8-41 三极管 A1015 实物图

（2）三极管 A1015 的测量

三极管 A1015 的管脚判断方法是有字面朝自己，引脚向下分别是 e（发射极）、b（基极）和 c（集电极）。三极管 A1015 实物如图 8-41 所示。

（3）红外接收头的测量

红外接收电路通常被厂家集成在一个元件中，即一体化红外接收头。内部电路包括红外监测二极管，放大器，限幅器，带通滤波器，积分电路，比较器等。红外监测二极管监测到红外信号，然后把信号送到放大器和限幅器，限幅器把脉冲幅度控制在一定的水平，而不论红外发射器和接收器的距离远近。交流信号进入带通滤波器，带通滤波器可以通过 30kHz~60kHz 的负载波，通过解调电路和积分电路进入比较器，比较器输出高、低电平，还原出发射端的信号波形。注意输出的高、低电平和发射端是反相的，这样的目的是提高接收的灵敏度。红外接收头实物如图 8-42 所示。

红外接收头的种类很多，引脚定义也不相同，一般都有三个引脚，包括供电脚，接地和信号输出脚。根据发射端调制载波的不同应选用相应解调频率的接收头，在使用中通常有两种类型。红外接收头引脚的测量请参考图 8-43。

图 8-42 常见电视机红外接收头实物图

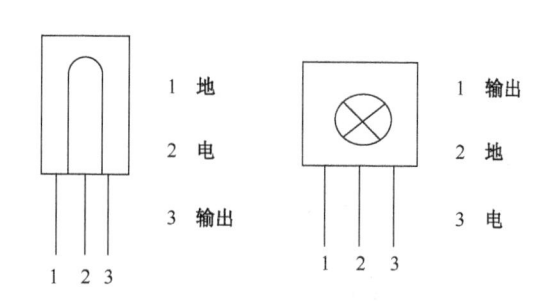

图 8-43 常见电视机红外接收头管脚功能图

（4）元件布局设计

根据电路原理图结合实物完成电路布局，并将布局图画到书后布局纸上。图 8-44 为该电路主要元件，实物布局图如图 8-45 所示，供读者参考。

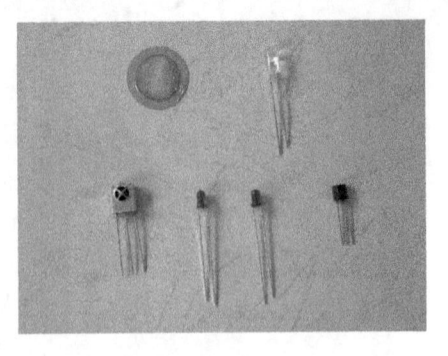

图 8-44 保险柜防盗报警电路主要元件　　　　图 8-45 实物布局图

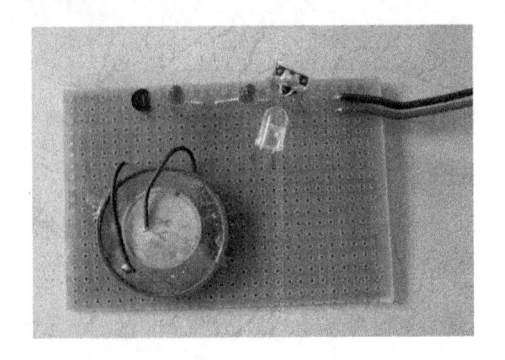

（5）元器件焊接

元器件的焊接时间不宜过长，恒温电烙铁的温度控制在 350℃左右。

（6）焊接完成后先自查，然后请教师检查。如有问题，修改完毕，再请教师检查。

（7）通电并调试电路

调试：尝试更换红外二极管的记性，找到最合适的接法。

常见问题：不工作，三极管发热，管脚接错了，或者红外接收头的管脚接错。

3．制作注意事项

（1）LED 的极性；

（2）三极管的管脚排列；

（3）红外接收头的管脚排列；

（4）因为压电陶瓷片非常脆弱，所以焊接时需要小心，最好用软线焊接。

4．完成实训报告

常见问题：（1）不工作，可能是因为红外接收头的管脚接错。

（2）三极管发热，可能是因为管脚接错。

思考题

除了用于保险柜震动防撬报警以外，该电路还可以应用在哪种安全报警环境下？

阅读材料

保险柜发展历程

19 世纪初，随着社会经济的增长，保险柜行业开始发展，在欧洲出现了专门制锁的厂商，法国公司开始制造保险柜。保险柜的材质已由木质变为各种坚固的金属，但基本沿用木器的榫接技术或整体铸造，无论从外观及工艺上都与当时的家具相仿，锁具的精密程度也不高。

19 世纪 60 年代后期，美国人发明了保险柜锁机构及多锁栓技术，保险柜的安全性能才有了大大的提升。

19世纪末，欧洲人利用瑞士钟表工艺，开发出转盘式密码锁，保险柜技术才出现了突破性的发展，保密性、安全性大幅度提高。

20世纪六七十年代，因为半导体技术的日新月异，业界开发出电子密码锁，广泛运用于各种保险柜产品。之后又将LED、LCD数码显示用于保险柜中，用户对于防火的需求也催生了各类防火产品，指纹扫描识别技术的发展又促进指纹锁在保险柜中的运用，磁卡的流行派生了磁卡式保险柜。而保险柜的产品种类，由当初最简单的功能发展到防盗保险柜、防火保险柜、防盗/防火保险柜、防磁保险柜、家用保险柜、商用保险柜、酒店保险柜、机械保险柜、文件/数据保险柜等几乎不可胜数的种类。但是无论多么牢固的保险柜也难免对不法分子产生吸引力，暴力打开所造成的声响和震动成为制造其防盗报警器的主要检测物理量，震动报警器也同样应用于汽车之中。不过现在汽车中还有全球定位装置来帮助找回被盗的汽车，也就是说没有一种方式、方法和手段是万能的，要想做好防盗工作，需要多种技术手段结合应用。

三、电容式传感器

电容式传感器是以各种类型的电容器作为敏感元件，将被测物理量的变化转换为电容量的变化，再由测量电路转换为电压、电流或频率，以达到检测的目的。由于力信号可以通过敏感元件转换成位移信号，故可利用电容式传感器测量力及衍生量（例如荷重、压力、加速度、声音等），并且还可以测量液面、料面、成份含量等。由于这种传感器具有结构简单、灵敏度高、动态特性好等一系列优点，在自动检测技术中占有十分重要的地位。

两块金属极板、中间夹一层电介质便构成一个平板电容器。平板电容器如果不考虑边缘效应，则其电容量为

$$C = \frac{\varepsilon S}{d} = \frac{\varepsilon_r \varepsilon_0 S}{d} \tag{8-9}$$

式中，C——电容量；

ε——极板间介质的介电常数，空气的 $\varepsilon=1$；

ε_r——相对介电常数；

ε_0——真空介电常数，$\varepsilon_0=8.8542\times10^{-12}$F/m；

S——两个极板相互覆盖的面积；

d——两块极板之间的距离；

由式（8-9）可知，当电容器两块极板之间的间隙变化，或两个极板相互覆盖的面积变化，或两个极板间介质的介电常数变化，都将使电容量改变，根据这一原理制成的传感器称为电容式传感器。电容式传感器可分成三种类型：即变极距式电容式传感器、变面积式电容式传感器和变介电常数式电容式传感器。

1. 变面积式电容式传感器

变面积式电容式传感器的两个极板中，一个是固定不动的，称为定极板，另一个是可移动的，称为动极板。它的工作原理是通过改变电极面积使电容量发生变化。

（1）直线位移式

工作原理如图 8-46 所示，当被测量的变化引起动极板移动距离 x 时，则电容器面积 S 发生变化，电容量 C 也改变了。

$$C = \frac{\varepsilon(a-\Delta x)b}{d} = \frac{\varepsilon ab}{d} - \frac{\varepsilon \Delta x b}{d} = C_0 - \Delta C \tag{8-10}$$

电容的相对变化量和灵敏度为

$$K = \frac{\Delta C}{\Delta x} = -\frac{C_0}{a} = -\frac{\varepsilon b}{d} \tag{8-11}$$

（2）角位移式

当被测的变化量使动极板产生角位移 θ 时，两极板间互相覆盖的面积被改变，从而改变两极板间的电容量 C，如图 8-47 所示。

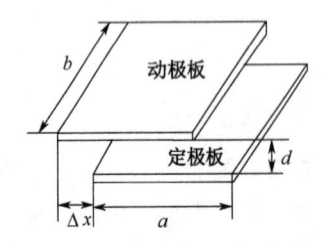

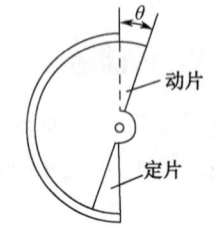

图 8-46　直线位移式变面积型电容传感器　　　图 8-47　角位移式变面积型电容传感器

$$C = \frac{\varepsilon S \frac{\pi-\theta}{\pi}}{d} = \frac{\varepsilon S}{d}(1-\frac{\theta}{\pi}) \tag{8-12}$$

电容的相对变化量和灵敏度为

$$K = \frac{\Delta C}{\Delta \theta} = -\frac{C_0}{\pi} \tag{8-13}$$

2. 变极距式电容式传感器

变极距式电容式传感器工作原理是：电容硅膜片两边存在压力差时，硅膜片产生形变，电容器极板的间距发生变化，从而引起电容量的变化。其基本结构——两个极板中，一个为定极板，一个为动极板，结构如图 8-48 所示。

基本电容的相对变化量和灵敏度分别为

$$\frac{\Delta C}{C_0} = \frac{\Delta d}{d_0} \tag{8-14}$$

$$K = \frac{\Delta C}{\Delta d} = \frac{C_0}{d_0} = \frac{\varepsilon S}{d_0^2} \tag{8-15}$$

与基本结构变极距式传感器相比，差动式传感器的非线性误差减少了一个数量级，而且

第八章　力传感器　**第一篇**

提高了测量灵敏度，所以在实际应用中被较多采用。差动式是在原有基本结构的基础上增加一块定极板，结构如图 8-49 所示。

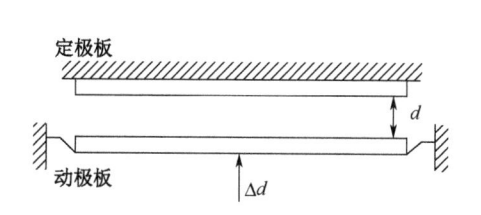

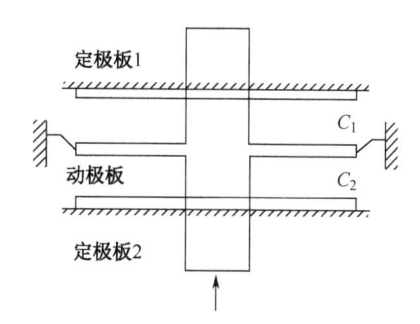

图 8-48　基本结构的变极距式电容式传感器　　　图 8-49　差动结构的变极距式电容式传感器

差动式电容的相对变化量和灵敏度分别为

$$\frac{\Delta C}{C_0} = 2\frac{\Delta d}{d_0} \tag{8-16}$$

$$K = \frac{\Delta C}{\Delta d} = 2\frac{C_0}{d_0} = \frac{2\varepsilon S}{d_0^2} \tag{8-17}$$

3. 变介电常数式电容式传感器

这种传感器大多用来测量电介质的厚度、位移、液位、液量，若忽略边缘效应还可根据极间的介电常数随温度、湿度、容量改变而改变的特性来测量温度、湿度、容量。

（1）平面式

平面式测位移传感器如图 8-50 所示，电容变化量 ΔC 与位移 Δx 呈线性关系，若被测介质的介电常数 ε_x 已知，测出输出电容 C 的值，可求出待测材料的厚度 x。若厚度 x 已知，测出输出电容 C 的值，也可求出待测材料的介电常数 ε_x。因此，可将此传感器用作介电常数 ε_x 测量仪，如图 8-51 所示。

$$C = \frac{C_1 C_2}{C_1 + C_2} = \frac{\varepsilon \varepsilon_x S}{\varepsilon_x d + (\varepsilon - \varepsilon_x)^x} \tag{8-18}$$

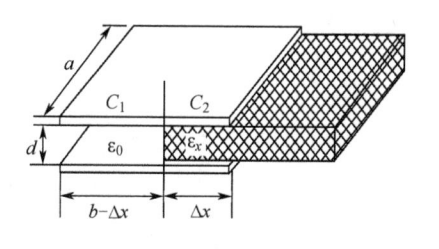

图 8-50　平面式测位移传感器　　　图 8-51　测厚仪

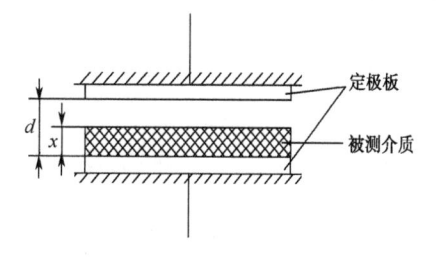

（2）圆柱式

电介质电容器大多采用圆柱式。其基本结构如图 8-52 所示，内外筒为两个同心圆筒，分别作为电容的两个极。如图 8-53 所示为一种电容式液面计的原理图。在介电常数为 ε_x 的被测液体中，放入该圆柱式电容器，液体上面气体的介电常数为 ε，液体浸没电极的高度就是被测量 x。液面计的输出电容 C 与液面高度 x 成线性关系。

$$C = C_1 + C_2 = a + bx \tag{8-19}$$

图 8-52　圆柱式电容器结构图　　　　图 8-53　电容式液面计

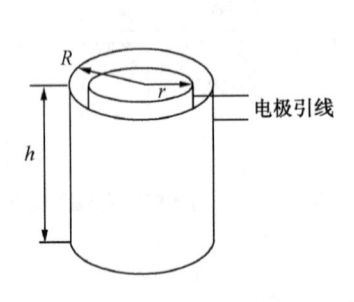

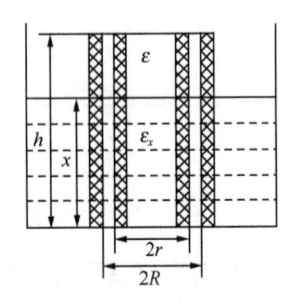

4．电容式传感器的测量电路

（1）调频型电路

该测量电路把电容式传感器与一个电感元件配合，构成一个振荡器谐振电路。当传感器工作时，电容量发生变化，导致振荡频率产生相应的变化。再经过鉴频电路将频率的变化转换为振幅的变化，经放大器放大后即可显示，这种方法称为调频法，如图 8-54 所示。

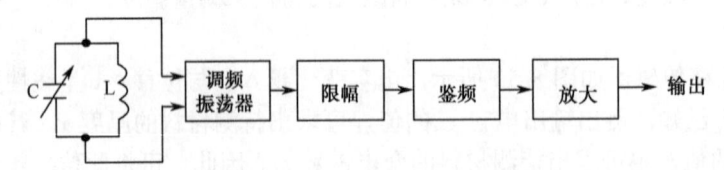

图 8-54　调频—鉴频电路原理图

这种电路的优点在于：输出的频率得到的是数字量，不需 A/D 转换；灵敏度较高；输出信号大，可获得伏特级的直流信号，便于实现计算机连接；抗干扰能力强，可实现远距离测量。不足之处主要是稳定性差。在使用中要求元件参数稳定、直流电源电压稳定，并要消除温度和电缆电容的影响。其输出非线性大，需误差补偿。

（2）普通交流电桥电路

该电路是由电容 C、C_0 和阻抗 Z 组成的一个交流电桥的测量系统，其中 C 为电容式传感器的电容，Z 为等效配接阻抗。用一个振荡器产生等辐高频交流电压 U_i，加于电桥对角线 AB 两端，作为其交流信号源。由电桥另一对角 CD 两端输出电压 U_o。各配接元件在初始调整至平衡状态，输出电压 U_o=0。当传感器电容 C 变化时，电桥失去平衡，而输出一个和电容成正比的电压信号，此交流电压的幅值随 C 而变化，如图 8-55 所示。

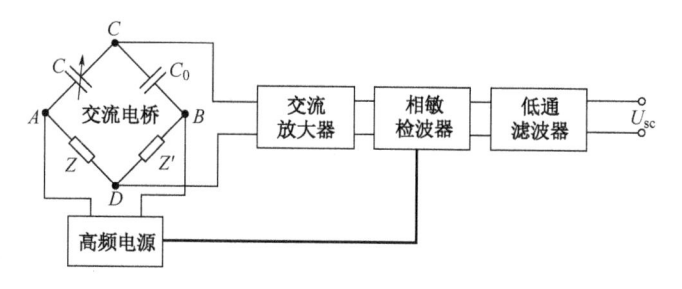

图 8-55 普通交流电桥测量系统

这种电路的优点在于：电桥电路灵敏度和稳定性较高，适合用于精密电容测量；寄生电容影响小，简化了电路屏蔽和接地，适合于高频工作。但电桥输出电压幅值小，输出阻抗高，其后必须接高输入阻抗放大器才能工作，而且电路不具备自动平衡措施，构成较复杂。此电路从原理上没有消除杂散电容影响的问题，为此采取屏蔽电缆等措施，效果不一定理想。

（3）运算放大器式电路

理想运算放大器输出电压与输入电压之间的关系为

$$u_o = -\frac{C_0}{u_i C_x} \tag{8-20}$$

采用基本运算放大器的最大特点是电路输出电压与电容式传感器的极距成正比，使基本变间隙式电容式传感器的输出特性具有线性特性，如图 8-56 所示。

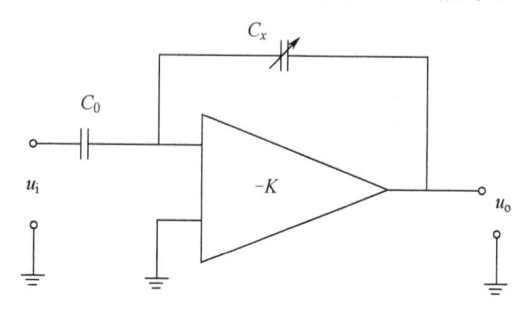

图 8-56 运算放大器式测量电路

该电路的最大特点是能够克服变极距式电容式传感器的非线性，是电容式传感器比较理想的测量电路。但电路要求电源电压稳定，固定电容量稳定，并要求放大倍数与输入阻抗足够大。

电容式传感器具有结构简单，灵敏度高，分辨力高，能感受 0.01μm 甚至更小的位移，无反作用力，动态响应好，能实现非接触测量，能在恶劣环境下工作等优点。随着新工艺、新材料问世，特别是电子技术的发展，使干扰和寄生电容等问题不断得到解决，因此越来越广泛地应用于各种测量中。电容式传感器可用来测量直线位移、角位移、振动振幅（可测至 0.05μm 微小振幅），尤其适合测量高频振动振幅、精密轴系回转精度、加速度等机械量，还可用来测量压力、差压力、液位、料面、成分含量（如油、粮食中的含水量）、非金属材料的涂层、油膜等的厚度，测量电解质的湿度、密度、厚度等，如图 8-57～图 8-62 所示为电容传感器在实际生活中的应用实例。

图 8-57　CTM-18N8D 电容式接近开关 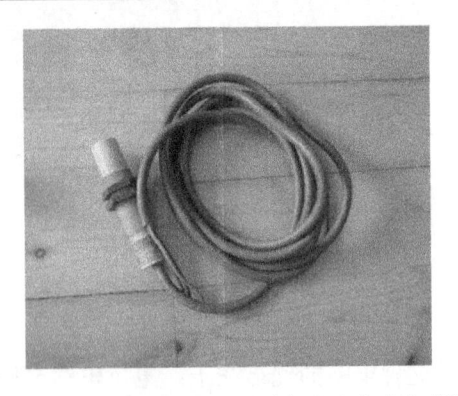　　　图 8-58　E2K-X8ME1 型欧姆龙电容式传感器

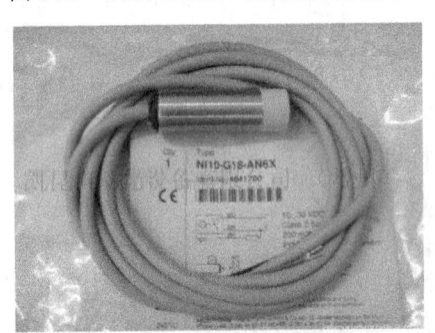

图 8-59　BC15-K34-AZ3X 型电容式传感器 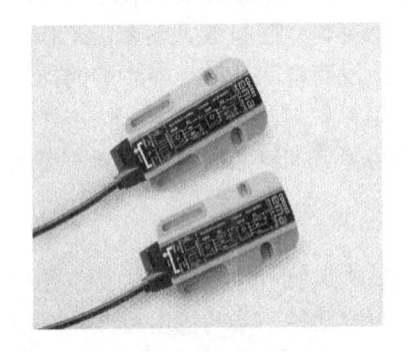　　　图 8-60　电容接近传感器

图 8-61　测量角位移电容式传感器 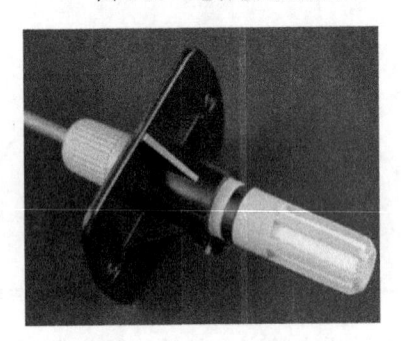　　　图 8-62　AM2305 高温型电容温湿度传感器

项目 21　声音传感器电路

任务引入

声音传感器使用的是与人类耳朵相似、具有频率反应的电麦克风。我们日常生活中唱卡拉OK时用的麦克风如图8-63所示，它能将声音信号转换成电信号。2009年，日本三和（Sanwa）公司推出了一款基于军事麦克风而设计的新奇轻便型环颈喉咙麦克风（throat microphone），该种技术在特种部队中早已应用，此次推出的是民用产品。该产品像一个项环一样紧贴在喉部，其特点是即使周边环境很乱，说话声音很小，对方也可以听得非常清楚，如图8-64所示。喉咙麦克风与常规耳麦相比，最大的特色是不靠嘴来采集声音，而是靠喉咙振动发声来工作

的，这种传输方式会让音质更加清晰且更加容易传递。

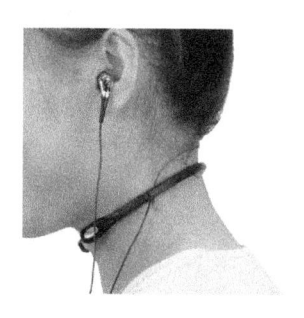

图 8-63 日常使用的麦克风　　图 8-64 喉咙麦克风

原理分析

本项目中，我们制作一个简易的声音传感器电路。该声音传感器电路主要由声音传感器和晶体三极管组成。在没有声音的情况下，声音传感器两端压降较大，不能实现晶体三极管 VT 的放大作用，发光二极管不亮；当声音传感器受到外界环境声音的影响，两端压降减小，使晶体三级管实现发射结正向偏置，集电极反向偏置的条件，从而实现晶体管 VT 的放大作用，发光二极管发光。通过调整电位器 RP 的阻值，就可以控制 9014 的导通（饱和），进而控制声音传感器和 RP 之间的分压，由此也可以对灯亮时声音的大小进行控制。电路原理图如图 8-65 所示。

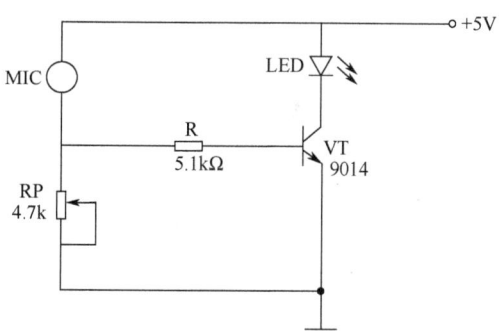

图 8-65 声音传感器电路原理图

任务实施

1. 准备阶段

制作声音传感器电路所需的元器件清单见表 8-4，本电路的核心元件是声音传感器，主要元器件是晶体三级管 NPN9014。散件元器件如图 8-66 所示。

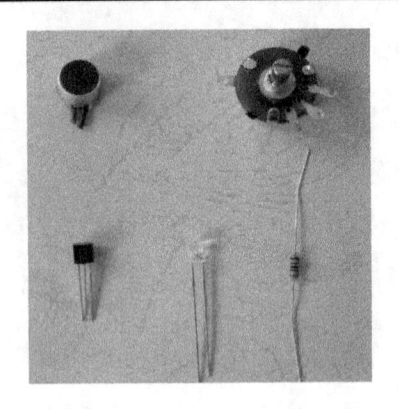

图 8-66　声音传感器主要元件

表 8.4　声音传感器电路元器件清单

元　器　件		说　明
声音传感器	MIC	驻极体
电位器	RP	4.7kΩ
发光二极管	LED	ϕ3～ϕ5
三极管	VT	9014
电阻	R	5.1kΩ

2．制作步骤

（1）声音传感器（驻极体话筒）的性能判断

在本电路中应用的声音传感器是驻极体话筒。驻极体话筒属于电容式话筒的一种，其关键元件是驻极体振动膜，它是一种极薄的塑料膜片，在其中一面蒸发一层纯金薄膜，然后再经过高压电场驻极，两面分别驻有异性电荷。膜片的蒸金面向外，与金属外壳相连通，膜片的另一面与金属极板之间用薄的绝缘衬圈隔离开。这样，蒸金属与金属极板之间就形成一个电容。极体膜片遇到声波振动时，引起电容两端的电场发生变化，从而产生了随声波变化而变化的交变电压。

① 驻极体话筒的种类。

种　类	图　片	特　点
二端式		两个引出端：漏极 D 和接地端
三端式		三个引出端：漏极 D、接地端和源极 S

② 驻极体话筒极性判断。

本电路中应用的二端式驻极体话筒，如图 8-67 所示。两个引出端分别为漏极 D 和接地端，其中与金属外壳相连的是接地端，即驻极体话筒的阴极，如图 8-68 中标记所示。除此之外将万用表拨至 R×1kΩ 挡，黑表笔接任一极，红表笔接另一极。再对调两表笔，比较两次测量结果。阻值较小时，黑表笔接的是接地极，红表笔接的是漏极。

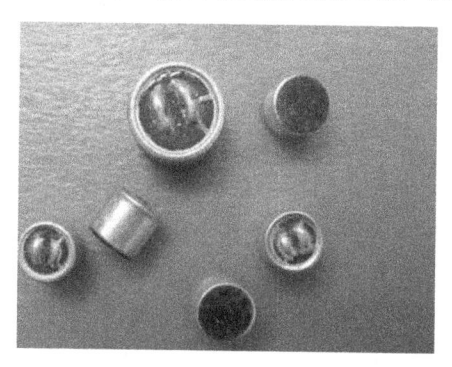

图 8-67　二端式驻极体话筒　　　　图 8-68　驻极体话筒负极

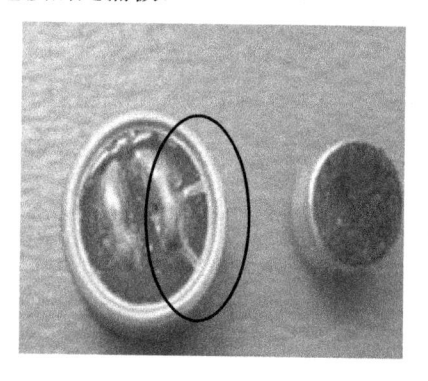

③ 驻极体话筒性能判断。

二端式驻极体话筒系性能的判断：用万用表 R×1kΩ 挡，黑表笔接话筒的 D 端，红表笔接话筒的接地端。用嘴向话筒吹气，万用表表针左右摆动，说明此话筒性能优良，摆动范围越大，话筒的灵敏度越高；若无摆动，说明话筒有问题。

（2）声音传感器电路布局设计。实物布局图如图 8-69 所示，供读者参考。

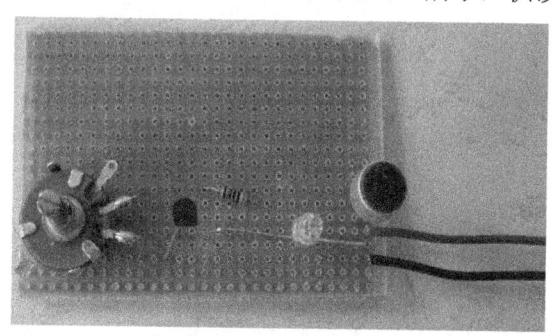

图 8-69　实物布局图参考图

（3）元器件焊接

在焊接元器件时，要注意合理布局，先焊小元件，后焊大元件，防止小元件插接后掉下来的现象发生。

（4）焊接完成后先自查，然后请教师检查。如有问题，修改完毕，再请教师检查。

（5）通电并调试电路

给电路接上电源，当电路制作正确，外界环境有声音响动时，发光二极管点亮。在调试过程中可能出现的常见问题：①如果电路不工作，可能是因为 MIC 的极性连接错误，读者需按着话筒引脚仔细连接。②三极管发热，可能的原因是管脚接错。③注意发光二极管管脚的极性的正确连接。本电路结构简单，无须过多调试即可完成电路功能。

3．制作注意事项

驻极体话筒和外壳相连的是 MIC 的阴极。

4．完成实训报告

思考题

在同一电路中，选择使用 4.7kΩ 的电位器和选择 470kΩ 的电位器，对电路会有什么不同的影响？

阅读材料

日本历史上有名的圣德太子，据说能在 10 个人同时发声时听清每个人所说的话。这虽然是极端的例子，但人在喧闹环境下确实可以将谈话对方的声音从周围的杂音中分离出来，这种人耳所具有的区分声音的能力被称为鸡尾酒会效应（party effect）。

当人的听觉注意集中于某一事物时，意识将一些无关声音刺激排除在外，而无意识却监察外界的刺激，一旦一些特殊的刺激与己有关，就能立即引起注意。该现象因常见于酒会上而得名。如在各种声音嘈杂的鸡尾酒会上，有音乐声、谈话声、脚步声、酒杯餐具的碰撞声等，当某人的注意集中于欣赏音乐或别人的谈话，对周围的嘈杂声音充耳不闻时，若在另一处有人提到他的名字，他会立即有所反应，或者朝说话人望去，或者注意说话人下面说的话等。该效应实际上是听觉系统的一种适应能力。对熟悉事物的迅速再认被称为鸡尾酒会现象。

鸡尾酒会效应

利用目前的电子设备中所集成的语音识别技术，如果使用头戴式麦克风，只需辨识某个人发出的声音，也能获得很高的识别率，目标是要让电子设备具有像圣德太子一样的能力，清楚地分辨出我们想听的内容，这就需要我们制作的电子设备不光是具有更优良的语音识别性能，而且还能对设备所提取的声音进行自由加工。譬如会议系统中应用此技术，就可以消除背景音乐，只抽取出特定发言人的声音，让听会人听得更清楚明白。而且，如果能与图像数据一同使用，通过位置信息还可以用箭头等标出发言人所在的位置，那将会使会议达到更好的效果。

四、电感式传感器

电感式传感器的基本原理是电磁感应原理，利用电磁感应将压力转换成电感量的变化输出。电感式传感器具有以下特点：①结构简单，传感器无活动电触点，因此工作可靠、寿命长。②灵敏度和分辨力高，能测出 0.01μm 的位移变化。传感器的输出信号强，电压灵敏度一般每毫米的位移可达数百毫伏的输出。③线性度和重复性都比较好，在一定位移范围（几十微米至数毫米）内，传感器非线性误差可达 0.05%～0.1%。同时，这种传感器能实现信息的远距离传输、记录、显示和控制，它在工业自动控制系统中被广泛采用。但不足的是，它有频率响应较低、不宜快速动态测控等缺点。

电感式传感器通过线圈自感或互感量系数的变化来实现非电量电测（如压力、位移等），常用的分为自感式和互感式两类。

1. 自感式传感器

电感式传感器通常是指自感式传感器，它主要由铁芯、衔铁和绕组三部分组成，如图 8-70 所示。这种传感器的线圈匝数和材料导磁系数都是一定的，其电感量的变化是由于位移输入量导致线圈磁路的几何尺寸变化而引起的。当把线圈接入测量电路并接通激励电源时，就可获得正比于位移输入量的电压或电流输出，如图 8-71 所示。自感式传感器的特点是：①无活动触点、可靠度高、寿命长；②分辨率高；③灵敏度高；④线性度高、重复性好；⑤测量范围宽（测量范围大时分辨率低）；⑥无输入时有零位输出电压，引起测量误差；⑦对激励电源的频率和幅值稳定性要求较高；⑧不适用于高频动态测量。自感式传感器主要用于位移测量和可以转换成位移变化的机械量（如力、张力、压力、压差、加速度、振动、应变、流量、厚度、液位、比重、转矩等）的测量。常用自感式传感器有变间隙型、变面积型和螺线管型。在实际应用中，这三种传感器多制成差动式，以便提高线性度和减小电磁吸力所造成的附加误差。

图 8-70 电感式传感器实物

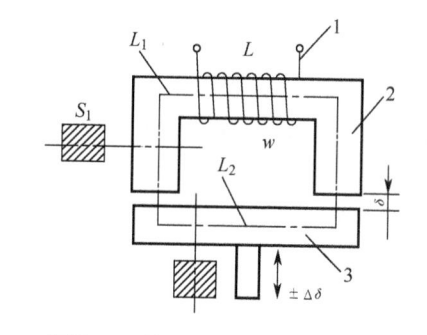

1—线圈；2—铁芯（定铁芯）；3—衔铁（动铁芯）

图 8-71 自感式传感器原理结构

（1）变间隙型电感式传感器

变间隙型电感式传感器的结构示意图如图 8-72（a）所示。由磁路基本知识可知，电感量可由下式估算

$$L \approx \frac{N^2 \mu_0 S}{2\delta} \qquad (8-21)$$

式中，N——线圈匝数；

S——气隙的有效截面积；

μ_0——真空磁导率，与空气的磁导率相近；

δ——气隙厚度。

由上式可见，在线圈匝数 N 确定以后，若保持气隙截面积 S 为常数，则 $L=f(\delta)$，即电感 L 是气隙厚度 δ 的函数，故称这种传感器为变间隙型电感式传感器。

由式（8-21）可知，对于变间隙型电感式传感器，电感 L 与气隙厚度 δ 成反比，其输入输出是非线性关系，δ 越小，灵敏度越高。为了保证一定的线性度，该传感器只能工作在一段很小的区域，它的灵敏度和非线性都随气隙的增大而减小，因此常常要考虑两者兼顾。该种传感器只能用于微小位移的测量，δ一般取在 0.1～0.5mm。

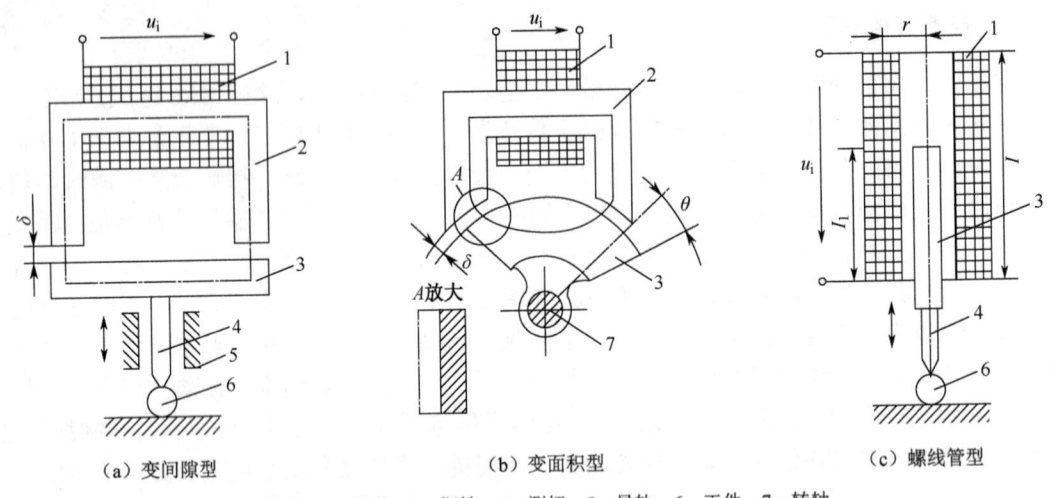

(a) 变间隙型　　(b) 变面积型　　(c) 螺线管型

1—线圈；2—铁芯；3—衔铁；4—测杆；5—导轨；6—工件；7—转轴

图 8-72　自感式电感传感器示意图

(2) 变面积型电感式传感器

在线圈匝数 N 确定后，若保持气隙厚度成为常数，则 $L=f(S)$，即电感 L 是气隙有效截面积 S 的函数，这种传感器为变面积型电感式传感器，其结构示意图如图 8-72（b）所示。这种传感器的铁芯和衔铁之间的相对覆盖面积（即磁通截面）随被测量的变化而改变，从而改变磁阻。它的灵敏度为常数，线性度也很好。

(3) 螺线管型电感式传感器

它由螺管线圈和与被测物体相连的柱型衔铁构成。其工作原理是基于线圈磁力线泄漏路径上磁阻的变化，衔铁随被测物体移动时改变了线圈的电感量。这种传感器的量程大，灵敏度低，结构简单，便于制作。

2．互感式传感器（差动变压器）

互感式传感器是一种广泛用于电子技术和非电量检测中的变压装置，用于测量位移、压力、振动等非电量参量。它既可用于静态测量，也可用于动态测量。互感式传感器本身就是一只变压器，利用了变压器原理，有一次绕组和二次绕组，经常做成差动式，常称为差动变压器式传感器。在变隙式差动电感传感器中，当衔铁随被测量移动而偏离中间位置时，两个线圈的电感量一个增加，一个减小，形成差动形式，其结构如图 8-73 所示。

该传感器结构简单，工作可靠，测量力小，分辨力高（如在测量长度时一般可达 0.1μm），它的缺点是频率响应低、不适用于快速动态测量。

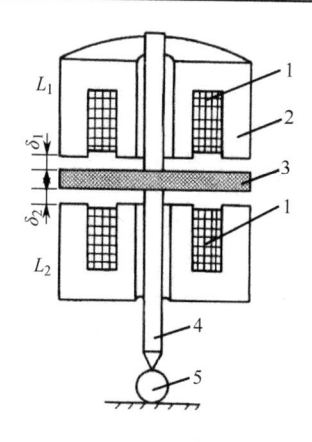

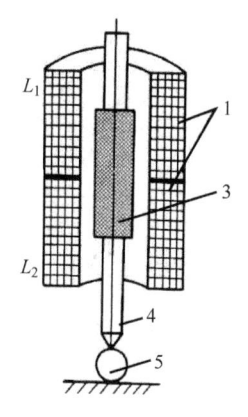

(a）变隙式　　　　　（b）螺线管式

1—差动线圈；2—铁芯；3—衔铁；4—测杆；5—工件

图 8-73　互感式电感传感器

电感式传感器由于其自身的特点，广泛用于测量能够转换成位移变化的信号，如力、压力、压差、加速度、振动工件尺寸等，如图 8-74～图 8-79 所示为生产生活中常用的电感式传感器。

图 8-74　直流 24V 3 线制电感式接近开关 　　图 8-75　Blade 数字式电感位移角度传感器

图 8-76　汽车行业中使用的电感式传感器 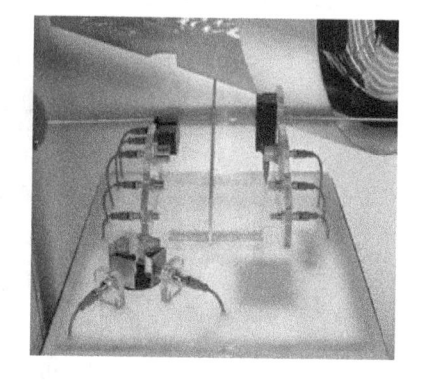　　图 8-77　UPROX+系列电感式行程开关

图 8-78　Limisprox 系列电感式行程开关　　　　　图 8-79　微差压变送器

例如，在工业中，工业锅炉是一个多变量输入、多变量输出的复杂系统，需要测量的微压有：送风通道上各点风压、引风通道上各点负压、炉膛负压和送风风量差压及雨压力检测等。对微压参数的检测，在锅炉控制系统中起着举足轻重的作用。微差压变送器就可以实现对微压参数的测量，如图 8-79 所示。微差压变送器其原理是电感式传感器，在无压力作用时，膜盒在初始状态，因接在膜盒中心的衔铁位于差动变压器线圈的中部，因而输出电压为零。当压力输入膜盒后，膜盒自由端产生一个正比于被测压力的位移，并带动衔铁在差动变压器线圈中移动，从而使差动变压器有一个电压输出，将微压力转换成电信号。

在机械测量中，常采用手持式粗糙度仪测量工件表面的粗糙度，手持式粗糙度仪主要利用的就是电感式传感器原理，如图 8-80 所示。将传感器放在工件被测表面上，由仪器内部的驱动机构带动传感器沿被测表面做等速滑行，传感器通过内置的锐利触针感受被测表面的粗糙度，此时工件被测表面的粗糙度引起触针产生位移，该位移使传感器电感线圈的电感量发生变化，从而在相敏整流器的输出端产生与被测表面粗糙度成比例的模拟信号，该信号经过放大及电平转换之后进入数据采集系统，DSP 芯片将采集的数据进行数字滤波和参数计算，测量结果可在液晶显示器上读出，也可在打印机上输出，还可以与 PC 机进行通信。

图 8-80　手持式粗糙度仪实物图

第九章　电涡流传感器

电涡流传感器是应用较为普遍的传感器，它被广泛应用在工业和生活中。我们熟悉的电磁炉、电饭煲、安检门中都应用到了电涡流传感器（图9-1）。除此之外，应用电涡流传感器也可对表面为金属的物体的多种物理量进行非接触式测量，如位移、振动、厚度、转速、应力、硬度等。同时，这种传感器也可用于无损探伤。电涡流传感器结构简单、频率响应宽、灵敏度高、测量范围大、抗干扰能力强，特别是有非接触测量的优点，因此在工业生产和科学技术的各个领域中得到了广泛应用。

图 9-1　电磁炉及安检门

一、电涡流基础知识

1. 基本原理与特性

根据法拉第电磁感应定律，金属导体置于变化的磁场中时，导体表面就会有感应电流产生，电流的流线在金属体内自行闭合，这种由电磁感应原理产生的漩涡状感应电流称为电涡流，这种现象称为电涡流效应。电涡流传感器就是利用电涡流效应来检测导电物体的各种物理参数的。

如图 9-2 所示，一个扁平线圈置于金属导体附近，当线圈中通有交变电流 i_1 时，线圈周围就产生一个交变磁场 H_1。置于这一磁场中的金属导体就产生电涡流 i_2，电涡流也将产生一个新磁场 H_2，H_2 与 H_1 方向相反，因而抵消部分原磁场，使通电线圈的有效阻抗发生变化。

一般来讲，线圈的阻抗变化与导体的电导率、磁导率、几何形状、线圈的几何参数，激励电流频率以及线圈到被测导体间的距离有关。如果控制上述参数中的一个参数改变，而其余参数恒定不变，则阻抗就成为这个变化参数的单值函数。如其他参数不变，阻抗的变化就可以反映线圈到被测金属导体间的距离大小变化。

我们可以把被测导体上形成的电涡等效成一个短路环，这样就可得到如图 9-3 所示的等效电路。图中 R_1、L_1 为传感器线圈的电阻和电感。短路环可以认为是一匝短路线圈，其电阻为 R_2、电感为 L_2。线圈与导体间存在一个互感 M，它随线圈与导体间距的减小而增大。

线圈与金属导体系统的阻抗、电感都是该系统互感平方的函数。而互感是随线圈与金属导体间距离的变化而改变的。由于涡流的影响，线圈阻抗的实数部分增大，虚数部分减小，因此线圈的品质因数 Q 下降，Q 值的下降是由于涡流损耗所引起的，并与金属材料的导电性和距离直接相关。当金属导体是磁性材料时，影响 Q 值的还有磁滞损耗与磁性材料对等效电感的作用。在这种情况下，线圈与磁性材料所构成磁路的等效磁导率的变化将影响 L。当距离 x 减小时，由于等效磁导率增大使 L_1 变大。

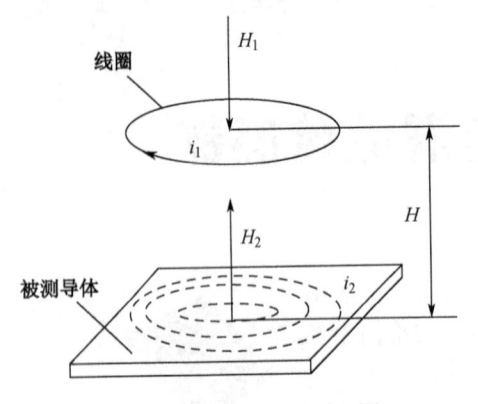

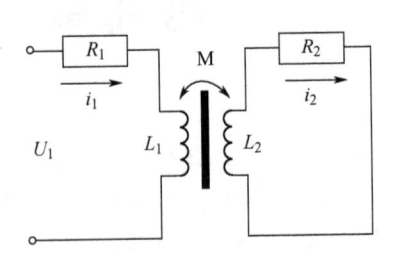

图 9-2　电涡流传感器原理图　　　　图 9-3　电涡流传感器等效电路图

2. 结构类型

电涡流传感器主要是一个绕制在框架上的绕组，常用的是矩形截面的扁平绕组。导线选用电阻率小的材料，一般采用高强度漆包线、银线或银合金线。框架要求采用损耗小、电性能好、热膨胀系数小的材料，一般选用聚四氟乙烯、高频陶瓷等。电涡流传感器按结构可分为高频反射式、变面积型、螺管型和低频透射型 4 类。

（1）高频反射式

高频反射式是最常用的一种结构形式。它的结构简单，由一个扁平线圈固定在框架上构成。线圈用高强度漆包铜线或银线绕制，用胶黏剂粘在框架端部或绕制在框架槽内，如图 9-4 所示。

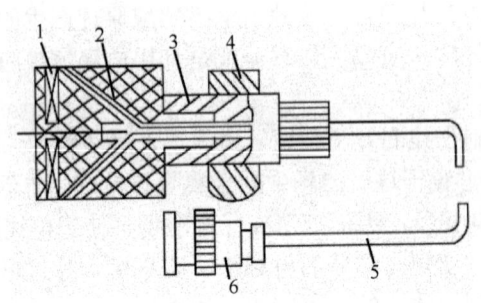

1—线圈；2—框架；3—框架衬套；4—支座；5—电缆；6—插头

图 9-4　高频反射式电涡流传感器的结构

当高频（100kHz 左右）信号源产生的高频电压施加到一个靠近金属导体附近的电感线圈 L_1 时，将产生高频磁场 H_1。如被测导体置于该交变磁场范围之内时，被测导体就产生电涡流 i_2。i_2 在金属导体的纵深方向并不是均匀分布的，而只集中在金属导体的表面，这称为集肤效应（也称趋肤效应）。

高频（>1MHz）激励电流产生的高频磁场作用于金属板的表面，由于集肤效应，在金属板表面将形成电涡流。与此同时，该涡流产生的交变磁场又反作用于线圈，引起线圈自感 L 或阻抗 Z_L 的变化，其变化与距离 x、线圈尺寸 r、金属板的电阻率 ρ、磁导率 μ、激励电流 i，及频率 f 等有关，即 $Z=f(i, f, \mu, \rho, r, x)$。

（2）变面积型

这种传感器由绕在扁矩形框架上的线圈构成，它利用被测导体和传感器线圈之间相对覆盖面积的变化所引起的电涡流效应强弱的变化来测量位移。为补偿间隙变化引起的误差常使用两个串接的线圈，置于被测物体的两边。它的线性测量范围较大，而且线性度较高。

（3）螺管型

这种传感器由螺管和插入螺管的短路套筒组成，套筒与被测物体相连。套筒沿轴向移动时，电涡流效应引起螺管阻抗变化。这种传感器有较好的线性度，但是灵敏度较低。

（4）低频透射型

它由分别位于被测金属板材两面的发射线圈和接收线圈组成，如图 9-5 所示，适于测量金属板材的厚度。发射线圈 L_1 和接收线圈 L_2 分别置于被测金属板材料 M 的上、下方。由于低频磁场集肤效应小，渗透深，当低频（音频范围）电压 u 加到线圈 L_1 的两端后，所产生磁力线的一部分透过金属板材料 M，使线圈 L_2 产生感应电动势 E。但由于涡流消耗部分磁场能量，使感应电动势 E 减少，当金属板材料 M 越厚时，损耗的能量越大，输出电动势 E 越小。因此，E 的大小与 M 的厚度及材料的性质有关，试验表明，E 随材料厚度 h 的增加按负指数规律减少。因此，若金属板材料的性质一定，利用 E 变化即可测量其厚度。贯穿深度取决于激励频率，为使贯穿深度大于板材厚度，要将频率选得低些。频率低还可改善线性度。激励频率一般选在 500Hz 左右。金属板厚度越大，涡流损耗越大，E 越小。E 的大小间接反映金属板厚度。

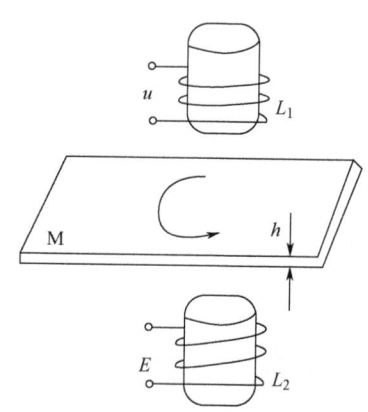

图 9-5　低频透射型电涡流式传感器

二、电涡流传感器的应用

电涡流传感器可以准确测量被测体（必须是金属导体）与探头端面的相对位置，其特点是长期工作可靠性好、灵敏度高、抗干扰能力强、非接触测量、响应速度快、不受油水等介质的影响，常被用于对大型旋转机械的轴位移、轴振动、轴转速等参数进行长期实时监测（如图 9-6、图 9-7 所示），可以分析出设备的工作状况和故障原因，有效地对设备进行保护及预维修。

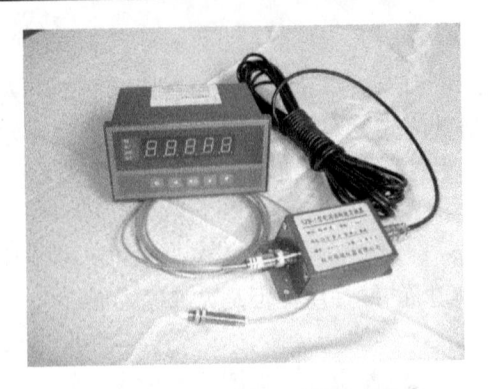

图 9-6 SZB-1 型电涡流转速变换器 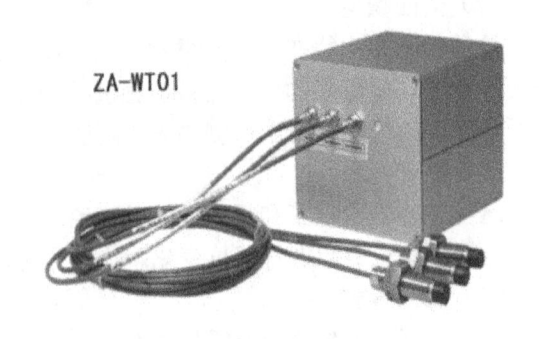　　　　图 9-7 ZA-WT01 多通道数字式电涡流传感器

1. 涡流位移检测

电涡流位移传感器是一种输出为模拟电压的电子器件。接通电源后，在电涡流探头的有效面（感应工作面）将产生一个交变磁场。当金属物体接近此感应面时，金属表面将吸取电涡流探头中的高频振荡能量，使振荡器的输出幅度线性地衰减，根据衰减量的变化，可计算出与被检物体的距离、振动等参数。这种位移传感器属于非接触测量，工作时不受灰尘等非金属因素的影响，寿命较长，可在各种恶劣条件下使用，如图 9-8、图 9-9 所示。电涡流传感器可以测量各种形状金属零件的动态位移，测量范围可以为 0~15μm，分辨率为 0.05μm；或是 0~500mm，分辨率可达 0.1%。这种传感器可用于测量汽轮机主轴的轴向窜动、金属件的热膨胀系数、钢水液位、纱线张力、流体压力等。

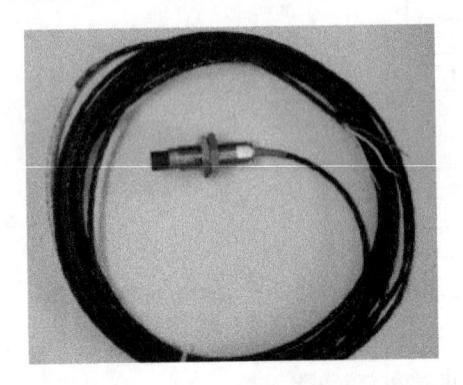

图 9-8 HZ-891YT 一体化电涡流位移传感器 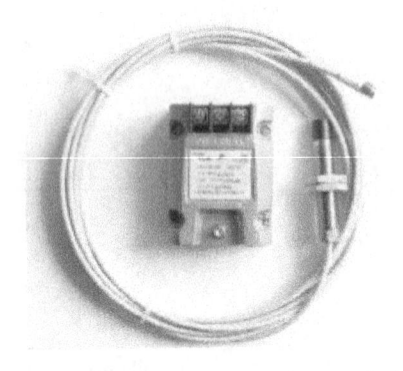　　　　图 9-9 WT-D0-A1 电涡流位移传感器

2. 涡流探伤

涡流探伤是建立在电磁感应原理基础之上的一种无损检测方法，它适用于导电材料。将载有正弦波电流的激励线圈接近金属表面时，线圈周围的交变磁场在金属表面产生感应电流（此电流称为涡流），也产生一个与原磁场方向相反的相同频率的磁场，又反射到探头线圈，导致检测线圈阻抗的电阻和电感的变化，改变了线圈电流的大小及相位。因此，探头在金属表面移动，遇到缺陷或材质、尺寸等变化时，涡流磁场对线圈反作用的不同会引起线圈阻抗变化，通过涡流检测仪器测量出这种变化量就能鉴别金属表面有无缺陷或其他物理性质变化。涡流检测实质上就是检测线圈阻抗发生变化并加以处理，从而对试件的物理性能作出评价，

如图 9-10～图 9-13 所示。

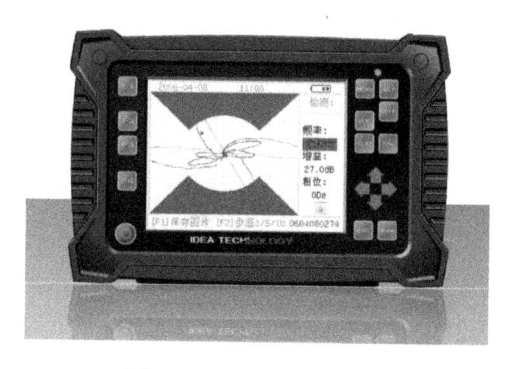

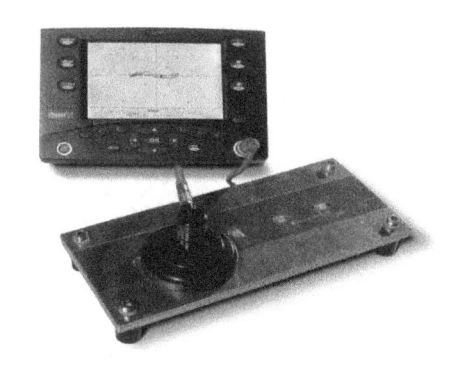

图 9-10　IDEA 涡流探伤仪　　　　　图 9-11　涡流探伤仪

由于涡流的趋肤效应，所以涡流探伤只能用来发现金属工件表面和近表面的缺陷。但由于它具有简便、不需要耦合剂和容易实现高速自动检测的优点，因而在金属材料和零部件的探伤中得到较为广泛的应用。涡流探伤还可以用于维修检验，某些机械产品由于工作条件比较特殊（如在高温、高压、高速状态下工作），在使用过程中往往容易产生疲劳裂纹和腐蚀裂纹。对这些缺陷，虽然采用磁粉检测、渗透检测等都很有效，但由于涡流法不仅对这些缺陷比较敏感，而且还可以在涂有油漆和环氧树脂等覆盖层的部件上以及盲孔区和螺纹槽底进行检验，还可发现金属蒙皮下结构件的裂纹，因而在维修行业受到重视。

图 9-12　涡流探伤仪检测　　　　　图 9-13　小管涡流探伤

3．安全检查

带有电涡流探头的安检门（图 9-14）内设有发射和接收线圈。当有金属物体通过的时候，音频信号产生的交变磁场就会在该金属导体表面产生电涡流，会在接收线圈中产生感应电压，进行报警。

4．厚度检测

用电涡流传感器可以测量金属镀层或是 PCB 覆铜箔的厚度。由于存在趋肤效应，镀层或箔层越薄，电涡流越小。如图 9-15 所示为电涡流厚度检测仪。

图 9-14　安检门　　　　图 9-15　电涡流厚度检测仪

5. 转速测量

可以在带有齿轮状的旋转体旁边安装一个电涡流传感器（图 9-16），当转轴转动时，传感器周期地改变着与旋转体之间的距离，于是它的输出电压也周期性地发生变化，若转轴上开 z 个槽（或齿），频率计的读数是 f（单位是赫兹），则转轴的转速 n（单位为 r/min）的计算公式为

$$n=60\frac{f}{z} \tag{9-1}$$

涡流传感器转速测量的典型应用为车轮转速测量，如图 9-17 所示。

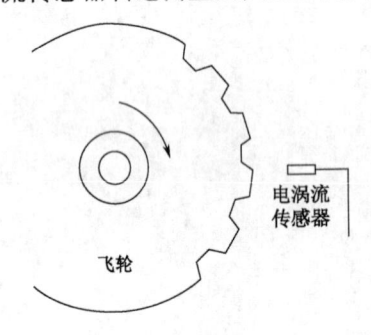

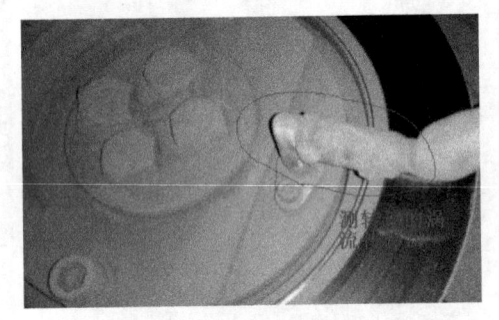

图 9-16　转速测量　　　　图 9-17　涡流传感器测转速

6. 电涡流振动测量

电涡流传感器可以无接触地测量各种振动的振幅、频谱分布等参数。在研究机器振动时，常常采用将多个传感器放置在不同的部位进行检测的方式，由此得到各个振幅的位置和相位值，从而画出振动图。

7. 涡流式接近开关

涡流式接近开关也叫电感式接近开关，属于一种开关量输出的位置传感器。它由 LC 高频振荡器和放大处理电路组成，导电物体在接近这个能产生电磁场的接近开关时，物体内部会产生涡流，这个涡流反作用到接近开关，使开关内部电路参数发生变化，由此识别出有无导电物体接近，进而控制开关的通或断。这种接近开关所能检测的物体必须是导电性能良好的金属物体。

接近开关的安装方式分为齐平式和非齐平式两种。①齐平式（又称埋入式）：接近开关表面可与被安装的金属物体形成同一表面，不易被损伤，但相对灵敏度较低。②非齐平式（非埋入安装型）：接近开关需要将感应头露出一定高度，否则将降低器件的灵敏度。因为涡流式接近开关的响应频率高、抗环境干扰性能好、应用范围广、价格较低，当被测对象是导电物体或可以固定在一块金属物上的物体时，一般都选用涡流式接近开关。

电涡流传感器系统以其独特的优点，广泛应用于电力、石油、化工、冶金等行业，对汽轮机、水轮机、发电机、鼓风机、压缩机、齿轮箱等大型旋转机械的轴的径向振动、轴向位移、鉴相器、轴转速、胀差、偏心、油膜厚度等进行在线测量和安全保护，并且还用于转子动力学研究和零件尺寸检验等方面，如图 9-18 所示。

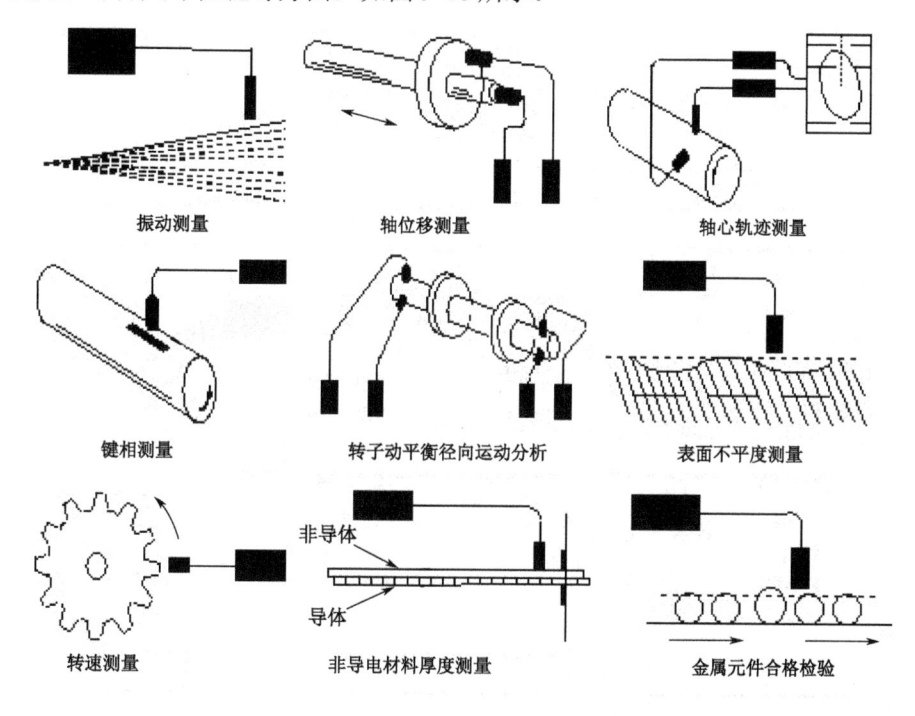

图 9-18　涡流传感器典型应用示意图

项目 22　金属检测仪

任务引入

安检是日常生活中经常遇到的事情，飞机场、火车站、地铁站、轻轨站等地都需要进行安检之后才能搭乘交通工具。安检包括 X 射线扫描和金属检测，通常是先要求旅客通过安检门，之后由专门的安检员手拿金属检测仪对其进行检测，当遇到金属物品时，检测仪就会报警。金属检测仪除了可用于安检，还被用于监考中的作弊检查，如果作弊者带着耳机，金属检测仪就能检测到耳机中的金属部件，这样蜂鸣器就会报警。金属检测仪如图 9-19 所示。

图 9-19 金属检测仪

🔍 原理分析

本项目中，我们将制作一个金属检测仪，该检测仪可以用来对金属进行探测。采用的是涡流传感器——日立 0244，该传感器有三根线，分别为电源、地和输出，其实物图如图 9-20 所示。其中，电源线应接 6V 电源，当其附近没有金属元件时，输出端为低电平；当其附近有金属元件时，输出端为高电平。根据这样的原理，设计了如图 9-21 所示电路。该电路由电涡流传感器、光电耦合器、继电器和蜂鸣器等元件组成。通过电路图可以看到金属检测仪电路用的是常闭的继电器，当电路附近没有金属物品时，电涡流传感器输出端输出低电平，这样光电耦合器不工作，而继电器工作，处于常闭状态的开关打开，蜂鸣器不发声。而当有金属物品靠近传感器时，传感器输出端输出高电平，光电耦合器接通，进而导致继电器不工作，这样继电器的常闭开关一直闭合，蜂鸣器报警，提示电路附近有金属物品。

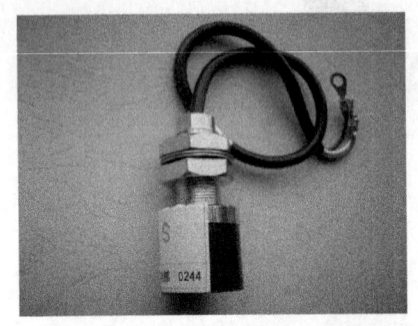

图 9-20 涡流传感器日立 0244

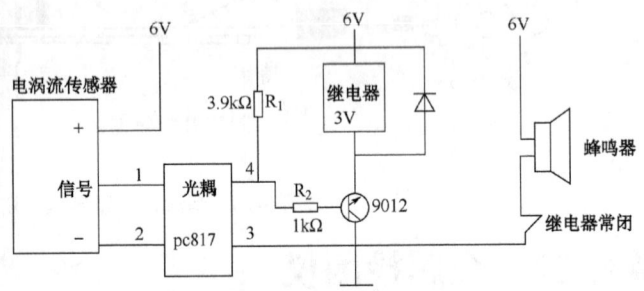

图 9-21 金属检测仪电路图

🔍 任务实施

1. 准备阶段

金属检测仪电路元器件清单见表 9-1，本电路的核心元件是电涡流传感器日立 0244，其电源电压范围是 0～6V。除此之外该电路还包括一个光电耦合器，一个常闭继电器，一个蜂鸣器和一个二极管。元件连接方式参考电路原理图，电路元器件如图 9-22 所示。

第九章 电涡流传感器

表 9-1 金属检测仪元器件清单

元 器 件		说 明
电涡流传感器		日立 0244
光电耦合器	OC	
二极管	D	
蜂鸣器	B	
电阻	R	3.9kΩ
电阻	R	1kΩ
三极管		9012

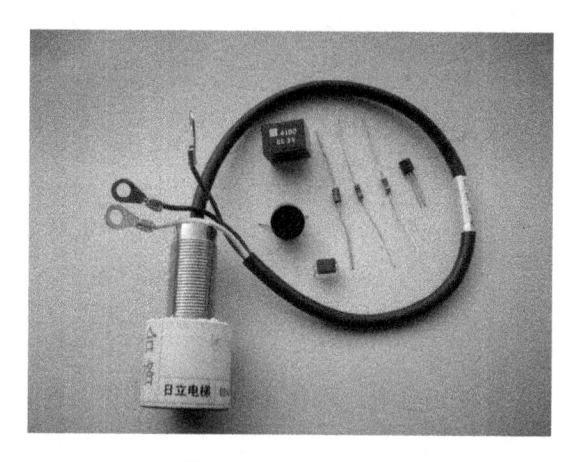

图 9-22 电路元器件

2．制作步骤

（1）检测电涡流传感器的好坏

电涡流传感器日立 0244 如图 9-20 所示，该传感器一共有三根引线，分别为接电源、接地和输出。首先将其接电源和地，然后将输出端接一个发光二极管，之后将金属材质的物体靠近电涡流传感器，如果该电涡流传感器是好的，那么发光二极管就会点亮发光。检测电路连接如图 9-23 所示。

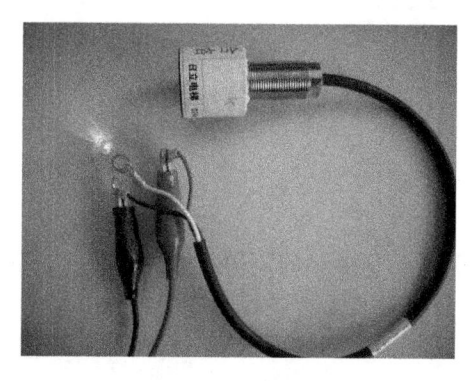

图 9-23 电涡流传感器检测电路连接

（2）金属检测仪电路布局设计（请将布局图画在布局用纸上）

实物布局图见如图 9-24 所示，供读者参考。

图 9-24　实物布局图

（3）元器件焊接

在焊接元器件时，要注意合理布局，需要注意的是先焊小元件，后焊大元件，防止小元件插接后掉下来的现象发生。

（4）焊接完成后先自查，然后请教师检查。如有问题，修改完毕，再请教师检查。

（5）通电并调试电路。

给电路接上电源，电路制作正确时，将金属物品靠近电涡流传感器，蜂鸣器会报警；如将金属物品拿开，蜂鸣器报警停止。在确定电涡流传感器工作正常的前提下，如果电路不工作，最有可能出现的原因就是光电耦合器的型号不对，无法带动后续电路。除此之外，要仔细检查每一个元件的性能好坏，保证继电器连接正确。

3．制作注意事项

（1）电涡流传感器的电压要达到 6V 以上，否则传感器不工作，因此电压一定要调节到位。

（2）注意光耦的引脚顺序。

（3）注意继电器的线圈及常闭常开触点排列顺序，必要时候请用万用表实际测试。

（4）注意三极管 9012 的管脚顺序。

4．完成实训报告

思考题

哪些因素能够影响金属检测仪电路的灵敏度？如果想提高金属检测仪电路的灵敏度，需要对电路进行哪些改动？

阅读材料

2014 年，位于上海浦东新区的上海中心大厦经历六年建设终封顶，632m 的高度不仅超越之前的上海环球金融中心，成为中国当时最高的摩天大厦，同时也跻身为世界第二高楼，仅次于迪拜的哈利法塔。如图 9-25（a）所示为坐落在陆家嘴的上海中心大厦（右），金茂大厦（中，420.5m）以及上海环球金融中心（左，492m），成为这片金融贸易区的地标建筑。

（a）上海中心大厦　　　　　　　　　　（b）上海中心大厦顶层

图 9-25　上海中心大厦

顶端最后的施工部分，造价近 42 亿美元，超过 121 层的上海中心可谓高耸入云间，一览众楼小，如图 9-25（b）所示。超高层建筑的高层区域，风速比地面大 5~6 级。风速较大时，建筑会产生晃动，使人有眩晕的感觉。为此，许多超高层建筑都装有调谐质量阻尼器，以控制风致振动。在建的上海中心也不例外，不过它的抗风装置十分特别，是世界首创的摆式电涡流调谐质量阻尼器。

电涡流调谐质量阻尼器由吊索、质量块、阻尼系统、主体结构保护系统 4 部分组成。位于 125 层的质量块身形巨大，重达 1000 吨，是当时世界上最重的摆式阻尼器质量块。它由 12 根长 25m 的钢索吊住。在质量块下方，圆盘状的磁场源与金属板构成了电涡流阻尼系统。上海材料研究所副所长、消能减振专家徐斌表示：相比传统的阻尼器，这种新型阻尼器实现了阻尼系统与质量块的柔性连接、阻尼比的灵活调节，使阻尼性能大幅提高。

据上海材料研究所所长鄡国强介绍，质量块和吊索构成一个巨型复摆，它与主体结构的共振，能消减大楼晃动。采用电涡流技术的阻尼系统用于减少质量块的振幅，消耗风振输入能量。"电涡流阻尼用于超高层建筑风阻尼器，国际上还是第一次。"

上海中心大厦落成后，安装摆式电涡流调谐质量阻尼器的 125 层"阻尼器观光平台"将成为上海科普教育基地。这套装置的质量块上将放置艺术大师设计的雕塑，成为申城的新景观。

第二篇

第一章　机器人传感器相关知识简介

机器人（Robot）是自动执行工作的机器装置。它既可以接受人类指挥，又可以运行预先编制的程序，也可以根据以人工智能技术制定的原则纲领行动。它的任务是协助或取代人类进行工作，例如生产业、建筑业，或是危险的工作。它是高度整合控制论、机械电子、计算机、材料和仿生学的产物，在工业、医学、农业、建筑业甚至军事等领域中均有重要用途。

机器人一般由执行机构、驱动装置、检测装置、控制系统和复杂机械等组成。为了完成人类交给它的任务，它需要对自身和外界的各种信息进行检测和处理，这就需要用到各种先进的传感技术和元件。

一、机器人运动传感器

光电编码器是一种角位移传感器，是采用光电等方法将轴的机械转角转换为数字信号输出的精密传感器。它分为光电式、接触式和电磁式三种。光电式旋转编码器是闭环控制系统中最常用的位置传感器。旋转编码器可分为增量式编码器和绝对式编码器两种。绝对式编码器能提供运转角度范围内的绝对位置信息，也就是表示其精确位置的一种模式或编码。与之相比，增量式编码器则可为每个运动增量提供输出脉冲。目前机器人等伺服系统上广泛应用的是增量式编码器。绝对式编码器由于成本较高等原因，正在越来越多地被增量式编码器所替代。

绕一个支点高速转动的刚体称为陀螺，在初始条件和一定的外力矩的作用下，陀螺会在不停自转的同时，还绕着另一个固定的转轴不停地旋转，这称为陀螺的旋进，又称回转效应。人们利用陀螺的力学性质所制成的各种功能的陀螺装置称为陀螺仪。传感陀螺仪用于飞行体运动的自动控制系统中，作为水平、垂直、俯仰、航向和角速度传感器。

巡线传感器也叫色标传感器，常用于检测特定色标或物体上的斑点，它通过与非色标区相比较来实现色标检测，而不是直接测量颜色。色标传感器实际是一种反向装置，光源垂直于目标物体安装，而接收器与物体成锐角方向安装，让它只检测来自目标物体的散射光，从而避免传感器直接接收反射光，并且可使光束聚焦很窄。

二、机器人测量传感器

机器人在工作过程中可能要对各种信息进行检测，常见的被检测量有距离、速度、光照强度、温度、压力、湿度、重量等。

测量距离的传感器常用的有红外线、激光和超声波三种，利用发射的速度乘以反射信号回来的时间可以得到被测的距离。红外测距的优点是便宜，激光测距的优点是精确，超声波测距的优点是比较耐脏污，各有所长。

测量光照强度最常用的传感器一般都是以半导体为核心材料制成的，所利用的是半导体的光敏特性。

湿度传感器的核心是湿敏元件。湿敏元件主要有电阻式、电容式两大类。湿敏电阻的特点是在基片上覆盖一层用感湿材料制成的膜，当空气中的水蒸气吸附在感湿膜上时，元件的电阻率和电阻值都发生变化，利用这一特性即可测量湿度。机器人中较常用的是电阻式湿度传感器。

测量温度的传感器也不少，按测量方式可分为接触式和非接触式两大类，按照传感器材料及电子元件特性分为热电阻和热电偶两类。

通常非接触式温度传感器采用红外线传感器居多，接触式温度传感器采用热电偶的方式居多。热电阻相对误差较大，而双金属的误差最大，基本没有应用在机器人中。

测量压力的传感器主要分两种：半导体电阻式和半导体电容式。它们都是利用压力造成的半导体材料的阻值或者容量发生变化而进行测量，具体结构的选择要结合实际测量的是接触压力还是气体或者液体的压力而定，一般气体和液体的压力测定采用较多的是膜结构，而测量固体压力多采用应变片式结构。另外测量重量也通常采用半导体应变片式传感器。

测量物体的运动速度可以采用超声波及微波传感器，所利用的原理是多普勒效应：物体辐射的波长因为波源和观测者的相对运动而产生变化。在运动的波源前面，波被压缩，波长变得较短，频率变得较高（蓝移，blue shift）；在运动的波源后面时，会产生相反的效应，波长变得较长，频率变得较低（红移，red shift）；波源的速度越高，所产生的效应越大。根据波红（蓝）移的程度，可以计算出波源循着观测方向运动的速度。

机器人的触觉传感器最早采用的是导电合成橡胶。导电合成橡胶是在硅橡胶中掺入导电材料或半导体颗粒而成的，特点是使用方便、价格低、有弹性，便于抓握。后来出现了利用半导体压敏材料构成的传感器阵列，应用效果虽好，但是高成本的问题一直难以解决。触觉传感器目前最有前途的发展方向就是阵列式结构，这样可以提供更精准的检测结果，同时对技术和材料以及计算机程序算法提出了更高的要求。

接触觉传感器主要分两大类：接触类和感应类。接触类一般由工业触须实现，又分为两种：机械式和气压式。机械式接触觉传感器相对简单，气压式接触觉传感器更加灵敏。感应类接触觉传感器一般采用光、超声波、激光等进行微距测量的方法来实现对接触觉的实现。

机器人的滑觉传感器主要用于抓握物体时感受物体的滑动，从而调整握力，抓紧物体。早期的滑觉传感器采用蓝宝石弹探针做为核心结构，采用类似唱片机的方法对滑动进行检测，不过误差较大。后期出现了光电编码器式的滑觉传感器，这种传感器的分辨率略低，随着科技的发展，会不断出现更新更可靠的滑觉传感器。

三、机器人仿生传感器

机器人视觉传感器可用于对于空间形状、物体距离、物体位置、光线明暗度以及物体颜色的检测与识别。当今的技术主要采用面阵 CCD、SSPD 和摄像机等进行数据的采集，数据的处理一般采用模拟数字转换后，用计算机程序进行运算和处理，实现相应的检测功能。

机器人听觉传感器一般用于声音的检测以及人类语音的识别。常用的传感器是驻极体话筒，它属于最常用的电容话筒，由于输入和输出阻抗很高，所以要在这种话筒外壳内设置一个场效应管作为阻抗转换器。由话筒得到的和声音波形一致的电信号进行模拟数字转换后，继续由计算机程序进行运算和处理，和预先存储的人类语言波形进行比对，从而实现对人类

第一章 机器人传感器相关知识简介 第二篇

语音的识别。

机器人嗅觉传感器主要分两大类：可燃性气体传感器和其他气体传感器。可燃性气体可以用可燃性气体传感器来实现检测，一般的可燃性气体传感器利用恒定直流电压通过搭桥对元件加热，只有在探测器元件上可燃气体才被氧化，增加的热量会加大电阻，产生的信号与可燃气体的浓度成比例，这样就检测到了可燃性气体的浓度。对于非可燃性气体一般采用射线式传感器进行检测，主要利用的原理是不同成分的气体都有特定的光谱，通过射线对被测气体的光谱进行检测，并和预先存储的数据进行比对，来实现气体的识别。

另外，在很多危险和极端的环境里工作的机器人还要对宇宙射线及核辐射进行检测。

机器人及其常见传感器典型应用位置示意如图 1-1 所示。常见机器人传感器的检测对象和实际应用汇总见表 1-1。

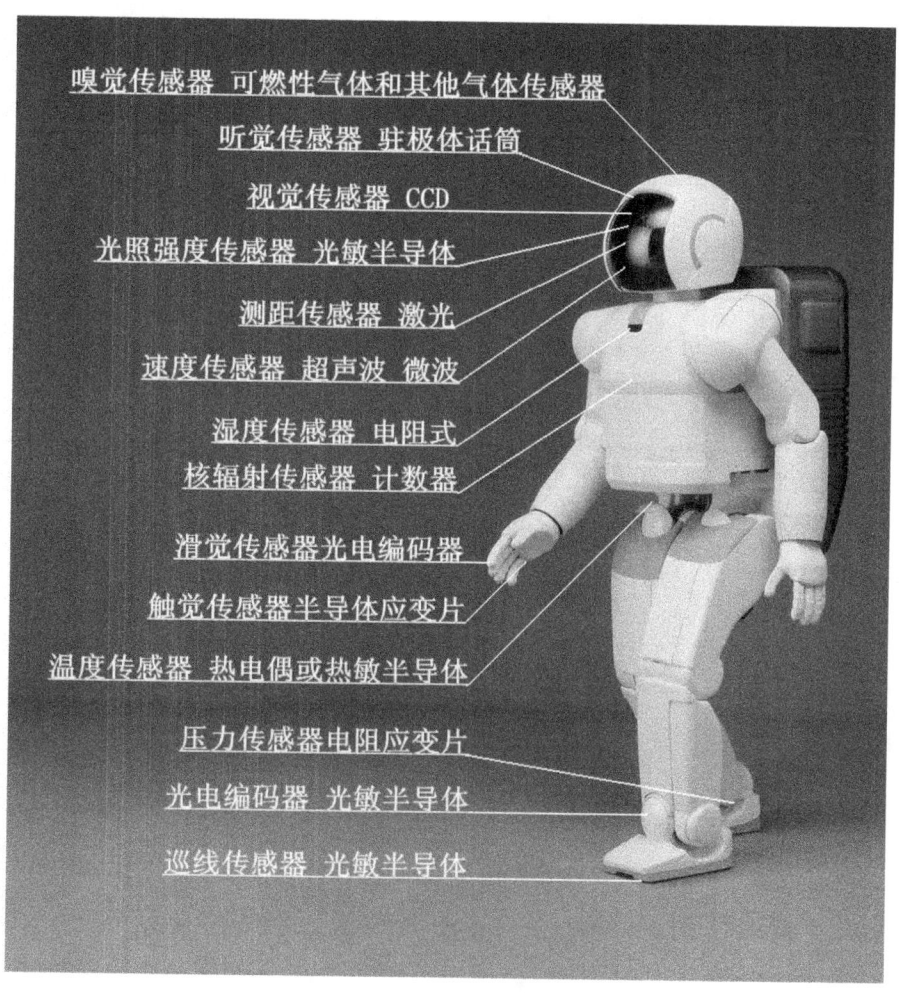

图 1-1 机器人及其常见传感器典型应用位置示意图

表 1-1 常见机器人传感器的检测对象和实际应用汇总

传 感 器	检 测 对 象	传感器装置	应　　用
视觉 Vision	空间形状 距离 物体位置 表面形态 光亮度 物体颜色	面阵CCD、SSPD、TV摄像机 激光、超声测距 PSD、线阵CCD 面阵CCD 光电管、光敏电阻 色敏传感器、彩色TV摄像机	物体识别、判断 移动控制 位置决定、控制 检查，异常检测 判断对象有无 物料识别，颜色选择
触觉 Haptic	接触 握力 负荷 压力大小 压力分布 力矩 滑动	微型开关、光电传感器 应变片、半导体压力元件 应变片、负载单元 导电橡胶、感压高分子元件 应变片、半导体感压元件 压阻元件、转矩传感器 光电编码器、光纤	控制速度、位置，姿态确定 控制握力，识别握持物体 张力控制，指压控制 姿态、形状判别 装配力控制 控制手腕，伺服控制双向力 修正握力，测量重量或表面特征
接近觉	接近程度 接近距离 倾斜度	光敏元件、激光 光敏元件 超声换能器、电感式传感器	作业程序控制 路径搜索、控制，避障 平衡，位置控制
听觉	声音 超声	麦克风 超声波换能器	语音识别、人机对话 移动控制
嗅觉	气体成分 气体浓度	气体传感器、射线传感器	化学成分分析
味觉	味道	离子敏传感器、PH计	化学成分分析

第二章 汽车传感器基础知识阅读

一、概述

现代汽车电子控制中,传感器广泛应用在发动机、底盘和车身各个系统中。汽车传感器在这些系统中担负着信息的采集和传输的作用,由电脑(电子控制单元)对信息进行处理后向执行器发出指令,实现电子控制。传感器在电子控制和自我诊断系统中是非常重要的装置,它能及时识别外界的变化和系统本身的变化,再根据变化的信息去控制本身系统的工作。各个系统控制过程正是依靠传感器进行信息的反馈,实现自动控制工作的。

传感器输出的信号有模拟信号和数字信号两种,其中数字信号直接输入电子控制单元,而模拟信号则要通过 A/D 转换器转换成数字信号后再输入电子控制单元。电子控制单元不断地检测各个传感器的信号,一旦检测出某个输入信号不正常,就可将错误的信号存入存储器内,需要时可以通过专用诊断仪或采取人工方法读取故障信息,再根据故障码信息内容,进行有针对性的维修。

电子控制单元有效地控制着系统的工作,而传感器的精度、响应性、可靠性、耐久性及输出的电压信号等,对系统的控制稳定性起着至关重要的作用。

传感器按能量关系分为主动型和被动型两大类。汽车上使用的传感器大多是被动型的,这种被动型传感器需要外加电源才能产生电信号。汽车发动机、底盘和车身系统应用着很多种传感器,例如温度传感器、压力传感器、位置传感器、氧传感器、转速传感器等。这些传感器的功能共用,使电子控制单元对发动机的汽油喷射、电子点火、自动变速器、自动空调等进行集中控制。汽车上常用的传感器及其主要结构、安装位置和功能参见表 2-1。

表 2-1 汽车上常用的传感器及其主要结构、安装位置和功能一览表

传感器名称	核心结构	一般安装位置	主要用途
冷却液温度传感器	负温度系数热敏电阻	冷却水道上	测量水温
水温表热敏电阻式温度传感器	负温度系数热敏电阻	仪表板上	测量水温
车内外空气温度传感器	负温度系数热敏电阻	车内:挡风玻璃下 车外:前保险杠内	测量车内外空气温度
进气温度传感器	热敏电阻	空气流量计内或空滤器内;进气总管;前保险杠内	测量进气温度
蒸发器出口温度传感器	热敏电阻	空调蒸发器片上	测量空调蒸发器出口温度
排气温度传感器	热敏电阻;热电偶	三元催化器转化器上	测量排气温度
EGR 检测温度传感器	热敏电阻	EGR 进气管道上	EGR 循环气体温度
石蜡式气体温度传感器	石蜡	化油器式发动机进气槽上	低温时用作进气温度调节装置;高温时修正怠速
双金属片式进气温度传感器	金属片	化油器式发动机进气道上	低温时用于进气温度调节,高温时修正怠速

续表

传感器名称	核心结构	一般安装位置	主要用途
散热器冷却风扇传感器	热敏铁氧体	水箱上	控制散热器风扇转速
变速器油液温度传感器	热敏电阻	液压阀体上	测量油液温度，向ECU输入温度信息，以便控制换挡、锁定离合器结合、控制油压
真空开关传感器	膜片、弹簧	空滤器上	检测空滤器是否堵塞
油压开关传感器	膜片、弹簧	发动机主油道上	检测发动机油压
制动主缸油压传感器	半导体式	制动主缸的下部	控制制动系统油压
绝对压力传感器	硅膜片式	悬架系统	检测悬架系统油压
相对压力传感器	半导体式	空调高压管上	检测冷媒压力
半导体压敏电阻式进气压力传感器	半导体压敏电阻	进气总管上	检测进气压力
真空膜盒式进气压力传感器	真空膜盒、变压器	进气总管上	检测进气压力
电容式进气压力传感器	膜片式	进气总管上	检测进气压力
表面弹性波式进气压力传感器	压电基片	进气总管上	检测进气压力
涡轮增压传感器	硅膜片	涡轮增压机上	检测增压压力
制动总泵压力传感器	半导体式	主油缸下部	检测主油缸输出压力
叶片式空气流量传感器	叶片、电位计	进气管上	检测进气量
热线式空气流量传感器	铂金热线	进气管上	检测进气量
热膜式空气流量传感器	铂金属固定在树脂膜上的发热体	进气管上	检测进气量
量心式空气流量传感器	量心、电位计	进气管上	检测进气量
二氧化锆式氧传感器	锆管、加热元件	排气管、三元催化转化器上	控制空燃比
二氧化钛式氧传感器	钛管、加热元件	排气管、三元催化转化器上	控制空燃比
全范围空燃比传感器	二氧化锆元件、陶瓷加热	排气管、三元催化转化器上	控制空燃比
烟雾浓度传感器	发光元件、光敏元件、信号电路	车厢内	监测空气质量
磁脉冲式曲轴位置传感器（轮齿）	信号转子、永磁铁、线圈	分电器内或曲轴前端皮带轮之后	检测曲轴转角位置、测量发动机转速
磁脉冲式曲轴位置传感器（转子）	正时转子、G、Ne线圈	分电器内	检测曲轴转角位置、测量发动机转速
光电式曲轴位置传感器	曲轴转角传感器、信号盘	分电器内	检测曲轴转角位置、测量发动机转速
触发叶片式霍尔曲轴位置传感器	内外信号轮	曲轴前端	检测曲轴转角位置、测量发动机转速
凸轮轴位置传感器	脉冲环、霍尔信号发生器	分电器内	判缸信号
稀薄混合气传感器	二氧化锆固体电解质	三元催化转化器上	测量排气中氧浓度，控制空燃比
磁致伸缩式爆震传感器	磁心、感应线圈、永久磁铁	发动机缸体上	检测爆震信号、输入ECU

续表

传感器名称	核 心 结 构	一般安装位置	主 要 用 途
共振型堆电式爆震传感器	压电元件、振荡片	发动机缸体上	检测爆震信号、输入ECU
非共振型压电式爆震传感器	平衡重、压电元件	发动机缸体上	检测爆震信号、输入ECU
线性输出型节气门位置传感器	怠速触点、全开触点电阻器、导线	节气门体上与节气门连接	判断发动机工况,控制喷油脉宽
开关型节气门位置传感器	IDL触点、PSW功率触点、凸轮、导线	节气门体上与节气门连接	判断发动机工况,控制喷油脉宽
滚轴式碰撞传感器	滚轴、触点、片状弹簧	两侧翼子板内;两侧前照灯支架下;散热器支架左右两侧;驾驶室仪表盘和手套箱下方或车身前部中央位置	检测汽车加速度
偏心锤式碰撞传感器	心锤、臂、触点、弹簧、轴		检测汽车加速度
水银开关式碰撞传感器	水银、电极		检测汽车加速度
电阻应变计式碰撞传感器	电子电路、应变计、振动块、缓冲介质		检测汽车加速度
无触点式扭矩传感器	线圈、扭力杆	转向轴上	测量转向盘与转向器之间相对扭矩
滑动可变电阻式扭矩传感器	电位器、滑环、齿轮、扭杆	转向轴上	
光电式车身高度传感器	光电耦合元件、遮光盘、轴	悬架系统减振器杆上	将车身高度转换成电信号,输入ECU
座椅位置传感器	霍尔元件、永久磁铁	座椅调节装置上	调节座椅状态
力位传感器	线圈、铁心	GPS终端机上	车辆导航
舌簧开关型车速传感器	舌簧开关、磁铁	变速器输出轴或组合仪表内	测量汽车行驶速度
光电耦合型车速传感器	光电耦合器、转子	组合仪表内	
电磁型车速传感器	转子、线圈	变速器输出轴上	
电磁式轮速传感器	传感头、齿圈	车轮上、减速器或变速器上	检测轮速
霍尔式轮速传感器	霍尔元件、触发齿圈、永久磁铁		
日照传感器	光电管、滤光片	风挡玻璃下、仪表盘上侧	把太阳照射情况转变成电流,修正车内温度
光电式光量传感器	硫化镉、陶瓷基片、电极	仪表盘上方灯光控制器内	自动控制汽车灯具亮、熄
光敏二极管式光量传感器	光敏二极管、放大器	仪表盘上,可接收外来灯光处	检测车辆周围亮度,自动控制前照灯的亮度
雨滴传感器	振动板、压电元件、放大电路	发动机室盖板上	检测降雨量、控制雨刷器转速
蓄压器压力传感器	半导体压敏电阻元件	油压控制组件上方	检测油压控制组件的压力
空调压力开关传感器	膜片、活动触点、固定触点、感温包	高压压力开关安装在高压管路上,低压压力开关安装在低压管路上	高压压力开关:高压回路压力高于规定值时使压缩机停机;低压压力开关:高压回路压力低于规定值时使压缩机停转

二、汽车上主要传感器相关知识简介

（一）温度传感器

现代汽车发动机、自动变速器和空调等系统均使用温度传感器，它们用于测量发动机的冷却液温度、进气温度、自动变速器油温度、空调系统环境温度等。汽车上实际应用的温度传感器主要有热敏电阻式、石蜡式、双金属片式和热敏铁氧体等。

发动机冷却液温度传感器多用热敏电阻制成。陶瓷半导体材料掺入适当金属氧化物高温烧结制成的热敏电阻，具有负温度系数：水温低时，电阻值大；水温高时，电阻值小。它一般安装在发动机缸体、缸盖的水套或节温器内，并伸入水套中。外观参见图 2-1。

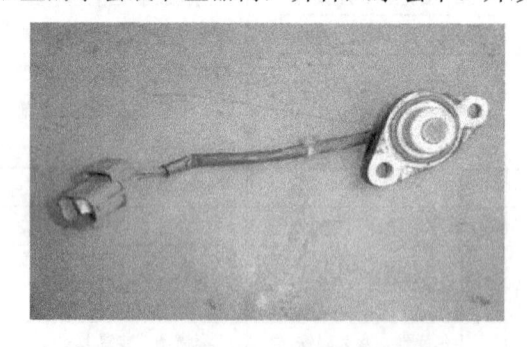

图 2-1　发动机冷却液温度传感器

石蜡式温度传感器用石蜡制成，利用的是石蜡热胀冷缩的原理。它一般用于老式化油器式发动机上，低温时用于发动机进气温度调节装置，高温时作为发动机怠速修正传感器。外观参见图 2-2。

双金属片式温度传感器主要用于化油器式发动机的进气控制与检测。当温度低时双金属片不动，进气阀门关闭；当温度升高时，双金属片发生弯曲，阀门打开。外观参见图 2-3。

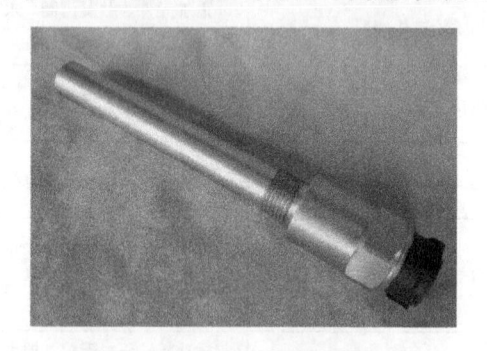

图 2-2　石蜡式温度传感器　　　　图 2-3　双金属片式温度传感器

热敏铁氧体温度传感器由强磁材料制成，当环境温度超过某一规定值时，热敏铁氧体的磁导率急剧下降，利用这一特性可以使得舌簧开关导通或者断开，常用于控制散热器的冷却风扇。外观参见图 2-4。

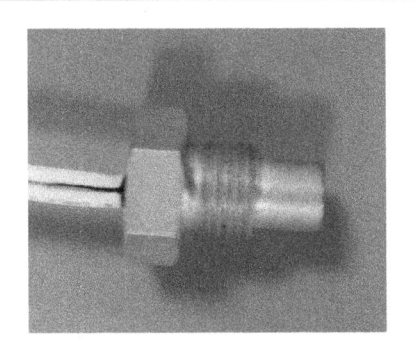

图 2-4　热敏铁氧体温度传感器

（二）空气流量传感器

空气流量传感器是用来检测发动机进气量大小的器件，它将进气量大小转变成电信号输入电子控制单元 ECU，以供 ECU 计算喷油量和点火时间。

热线式空气流量传感器的核心是一根 70μm 粗细的铂金丝，工作时该丝加热，电子系统主要通过检测被加热的铂金丝和空气之间的热传递来实现空气流量的检测。外观参见图 2-5。

图 2-5　热线式空气流量传感器

叶片式空气流量传感器相对精度不高，应用日益减少。

（三）压力传感器

在汽车的使用过程中，各种气体和液体的压力都需要实时监测，这就用到了各种压力传感器。

半导体压敏电阻式传感器体积小、精度高、响应性/再现性/抗震性好、成本低，利用的是半导体的压敏特性，多用于进气歧管的压力检测。外观参见图 2-6。

图 2-6　半导体压敏电阻式传感器

电容式压力传感器利用氧化铝膜片和底板彼此靠近排列，形成电容，利用它随着上下压力差而改变容量的性质，获得与压力成比例的电容值信号。它也常用于进气歧管的压力检测。外观参见图2-7。

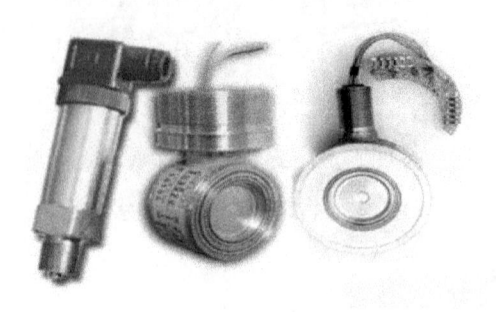

图 2-7　电容式压力传感器

机油压力传感器主要由膜片和弹簧构成，利用油压对膜片的推动和弹簧的力量抗衡来实现对油压的检测。外观参见图2-8。

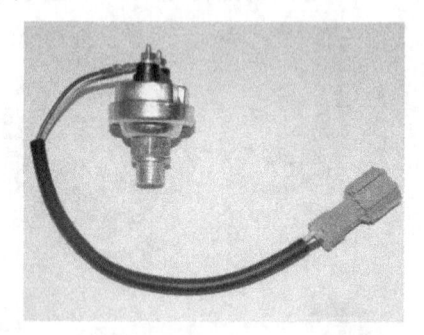

图 2-8　机油压力传感器

（四）位置传感器

应用在汽车上的位置传感器有曲轴位置传感器、凸轮轴位置传感器、节气门位置传感器、液位传感器和车辆高度传感器等。

磁脉冲式曲轴位置传感器由铁磁材料构成，当发动机运转时，传感器中的线圈产生感应电动势，经过电路滤波整形后形成脉冲信号提供给后续电路。外观参见图2-9。

图 2-9　磁脉冲式曲轴位置传感器

霍尔式凸轮轴位置传感器由集成电路、永久磁铁和导磁片组成，利用凸轮轴位置不同所产生的电压信号不同来检测凸轮轴的相应位置。外观参见图 2-10。

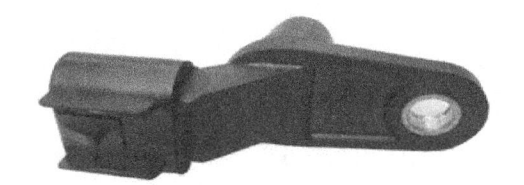

图 2-10 霍尔式凸轮轴位置传感器

节气门位置传感器安装在节气门体上，与节气门轴相连接，驾驶员通过驾驶板操作节气门的开度，传感器相应地把开度转换成电信号输送给电控单元。外观参见图 2-11。

图 2-11 节气门位置传感器

浮子可变电阻式液位传感器的浮子可以随着液位上下移动，滑动臂可在电阻上滑动，从而改变了搭铁与浮子间的电阻值。利用这一特性就可以控制回路电流的大小，在仪表上显示出来，以表示液位的高低。外观参见图 2-12。

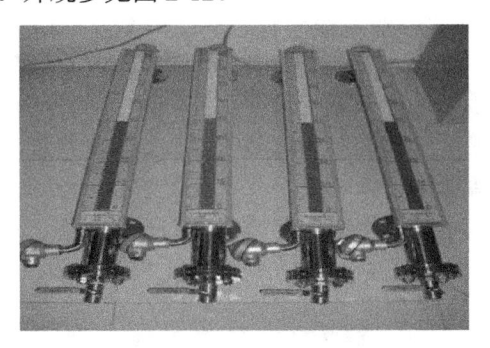

图 2-12 浮子可变电阻式液位传感器

（五）速度与加速度传感器

曲轴位置传感器的作用就是确定曲轴的位置，也就是曲轴的转角。它是电喷发动机特别是集中控制系统中最重要的传感器，也是点火系统和燃油喷射系统共用的传感器。其作用是检测发动机曲轴转角和活塞上止点，并将检测信号及时送至发动机电脑，用以控制点火时刻

（点火提前角）和喷油正时，是测量发动机转速的信号源。

电磁感应式转速传感器是从喷油泵那里获得转速信号的，传感器的线圈周围有铁磁材料制成的齿轮，齿轮旋转会在线圈中产生交变电压，提供给后面的电路进行处理。外观参见图 2-13。

图 2-13　电磁感应式转速传感器

水银式减速度传感器利用的是水银的惯性和导电性对车的减速和加速进行检测。结构参见图 2-14。

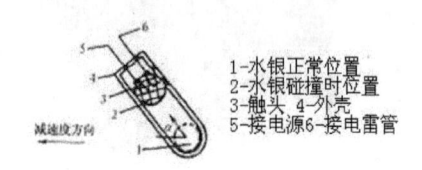

1-水银正常位置
2-水银碰撞时位置
3-触头　4-外壳
5-接电源 6-接电雷管

图 2-14　水银式减速度传感器（碰撞传感器）

（六）气体浓度传感器

汽车氧传感器是电喷发动机控制系统中关键的传感部件，是控制汽车尾气排放、降低汽车对环境污染、提高汽车发动机燃油燃烧质量的关键零件。氧传感器均安装在发动机排气管上。

氧传感器是利用陶瓷敏感元件测量各类加热炉或排气管道中的氧电势，由化学平衡原理计算出对应的氧浓度，以监测和控制炉内燃烧空燃比，保证产品质量及尾气排放达标的测量元件。它广泛应用于各类煤燃烧、油燃烧、气燃烧等炉体的气氛控制。氧传感器用于电子控制燃油喷射装置的反馈控制系统，用来检测排气中的氧浓度与空燃比的浓稀，在发动机内进行理论空燃比（14.7∶1）燃烧的监控，并向电脑输送反馈信号。外观参见图 2-15。

图 2-15　氧传感器

烟尘传感器上有利于空气和烟尘流动的缝隙，当烟尘浓度较大时，烟尘对于红外线的反射被红外接收管检测到，从而发出电信号。外观参见图2-16。

图2-16 烟尘传感器

（七）爆震与碰撞传感器

点火时刻的闭环控制是采用爆震传感器检测发动机是否发生爆震作为反馈信号的，从而决定点火时刻是提前还是延后。所以爆震传感器是点火时刻闭环控制系统必不可少的重要部件，它的功能是将发动机爆震信号转变成电信号输入ECU，ECU根据爆震信号对点火提前角进行修正，从而使点火提前角在任何工况下都保持一个最佳值。

压电式爆震传感器是利用压电陶瓷在震动的条件下产生电荷聚集来检测爆震的，特点是体积小、结构简单、成本低。外观参见图2-17。

图2-17 压电式爆震传感器

偏心锤式碰撞传感器结构里有一个偏心锤，当静止时，在复位弹簧的作用下，偏心锤与挡块接触；当汽车受到碰撞的时候，偏心锤的惯性力矩克服了弹簧的力矩，从而使得静止触点和动触点接通，使SRS气囊的搭铁回路接通。外观参见图2-18。

图2-18 偏心锤式碰撞传感器

（八）汽车上的其他常用传感器

一辆汽车尤其是高级轿车上有大量的传感器，随着科技的发展和司机对驾车感受的追求，车上面应用的传感器将越来越多。

日照传感器的主要功能是检测日照量以调整出风温度及出风量，一般都是以光敏二极管作为核心。外观参见图 2-19。

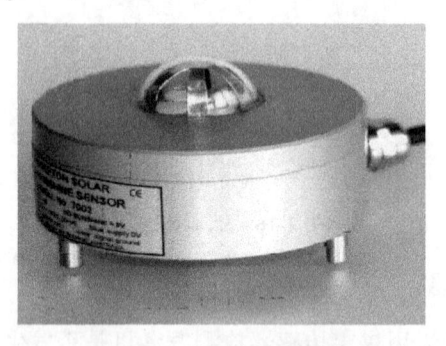

图 2-19　日照强度传感器

湿度传感器主要用于汽车风挡玻璃的防霜、化油器进气部位空气湿度的测定以及自动空调系统中车内相对湿度的测定，一般是由装有金属氧化物的系列陶瓷材料制成的多孔烧结体，当它吸附了水分子之后，本身的阻值会发生变化。外观参见图 2-20。

图 2-20　湿度传感器

对于下雨的检测可以采用雨滴传感器，其实多数情况下，雨滴传感器是震动传感器结合湿度传感器来实现对于下雨的检测的。外观参见图 2-21。

图 2-21　雨滴传感器

实践与思考

请同学们在课余实践中和一些司机谈谈，然后提出未来汽车可能在哪些方面改进和提高，并且增加具有哪些功能的传感器。

第三章　家居传感器

随着科技的发达与收入水平的提高，人们对生活品质不断提出更高的要求。科技给人类生活带来的变化，尤其是传感器在家居生活中的应用，主要体现在它们使得人类的生活行为变得更加舒适、便捷、安全。现代生活中常用的传感器多数应用于以下一些方面：给我们的生活提供更舒适的环境；家居生活行为变得更加便捷；居家生活安全感有所增强。下面介绍一下常见的传感器家居应用。

热电偶温度传感器利用热电偶在温度差异的情况下产生微小电动势的特性来检测温度，常用于洗澡用热水器的温度检测、家庭饲养热带鱼的鱼缸的温度检测、饮水机温度的检测等。实际应用参见图 3-1。

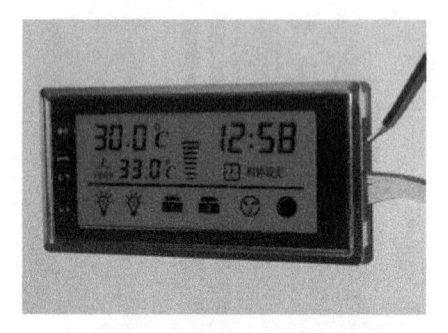

图 3-1　恒温鱼缸控制器

光敏传感器利用的是半导体的光敏特性，一些半导体在受到光线照射的情况下会产生阻值的变化，利用这个特性就可以对光线的强弱进行检测。有些高级的台灯可以自动检测环境光线的强弱，有些电视机也可以根据环境光线调节背光的明暗，这些都是为了更好地保护人的视力。实际应用参见图 3-2。

图 3-2　能监测环境照度的台灯

驻极体话筒具有体积小、结构简单、电声性能好、价格低的特点，广泛用于录音机、无线话筒及声控电路等中，属于最常用的电容话筒。由于输入和输出阻抗很高，所以要在这种话筒外壳内设置一个场效应管作为阻抗转换器，一般应用在楼道或者卫生间安装的自动灯里，可以根据环境的明暗自动开启并延时关闭来节省电能。很多自动灯不光能检测声音还能检测环境的光线，在环境光线足够用的情况下，即使有人活动的声音也不开启，只有环境的光线不足和人活动的声音这两个条件同时出现的时候才开启，更好地实现了节能功能。实际应用参见图 3-3。

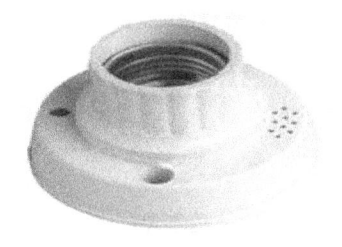

图 3-3　声控节能灯座

红外传感器利用半导体材料对于红外线敏感的特性制成，能将外界红外线的变化方便地转换成电信号，一般可用于红外线自动水龙头，这样的水龙头在有人手接近的情况下自动放水，在人手离开的时候，及时关闭，既实现了节水功能，又避免了不同的人手同时接触水龙头可能造成的交叉传染，另外卫生间的自动烘手机也都采用了红外线传感器来检测人手，自动加热烘手机给我们的生活带来不小的方便，这是将来的发展趋势。实际应用参见图 3-4。

图 3-4　红外感应节水水龙头

燃气传感器利用恒定直流电压通过搭桥对元件加热，只有在探测器元件上可燃气体才被氧化，增加的热量会加大电阻，产生的信号与可燃气体的浓度成比例，这样就检测到了可燃性气体的浓度。一般在家庭安装可燃性气体报警器能给我们的生活带来进一步的安全保障，当然可燃性气体报警器要经常（大约一个月）进行一下性能测试，避免老化及油污等原因带来的失效隐患。实际应用参见图 3-5。

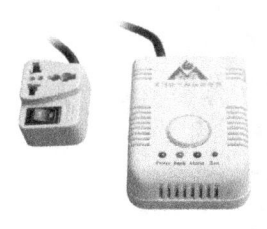

图 3-5　燃气泄漏报警器

无线电信号传感器利用电磁感应原理，一般采用电感和电容组成的震荡电路来接收相应频率的无线电信号，之后整形、滤波、解码、驱动后面的电路工作，一般可用于车库的遥控锁，给我们的车库管理提供安全和便捷。实际应用参见图3-6。

图 3-6　车库遥控门锁的钥匙

　　干簧管利用磁场同性相斥、异性相吸的原理工作，主要分常开和常闭两种。它一般用于家庭的门窗之上，一旦门窗被非法开启，门磁报警器的两部分分开，也就是磁铁和传感器干簧管分开，干簧管的分合状态立即发生变化，导致后续电路的工作状态发生变化，从而实现报警，好一点的门磁报警器还具有远程无线报警功能。实际应用参见图3-7。

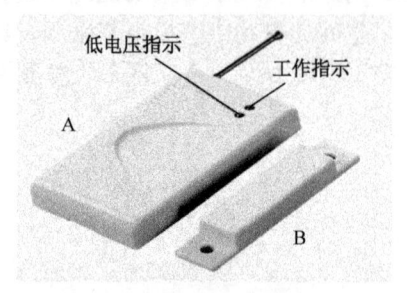

图 3-7　无线门磁报警器

　　指纹传感器技术目前主要是利用光学全反射原理，也出现了超声波扫描指纹传感器技术和晶体电容指纹传感器技术。其中基于光学全反射的指纹传感器技术虽然成像能力一般，但因其具有耐用性好、成本低、可靠性高和性能稳定等优点，是目前的首选技术，利用指纹传感器制作的门锁可以提供更安全和便捷的开锁体验，省却了忘带和丢失钥匙的烦恼。实际应用参见图3-8。

图 3-8　指纹锁

随着科技的发展，未来应用于家居生活的传感器将越来越多，生活也会变得更加舒适、便捷、安全、健康。

实践与思考

请同学们在课余时间多走访一下高端时尚商品房小区，和物业管理人员谈一谈，提出未来住宅小区发展的方向和可能用到具有哪些新功能的传感器件。

布局设计用纸

布局设计用纸

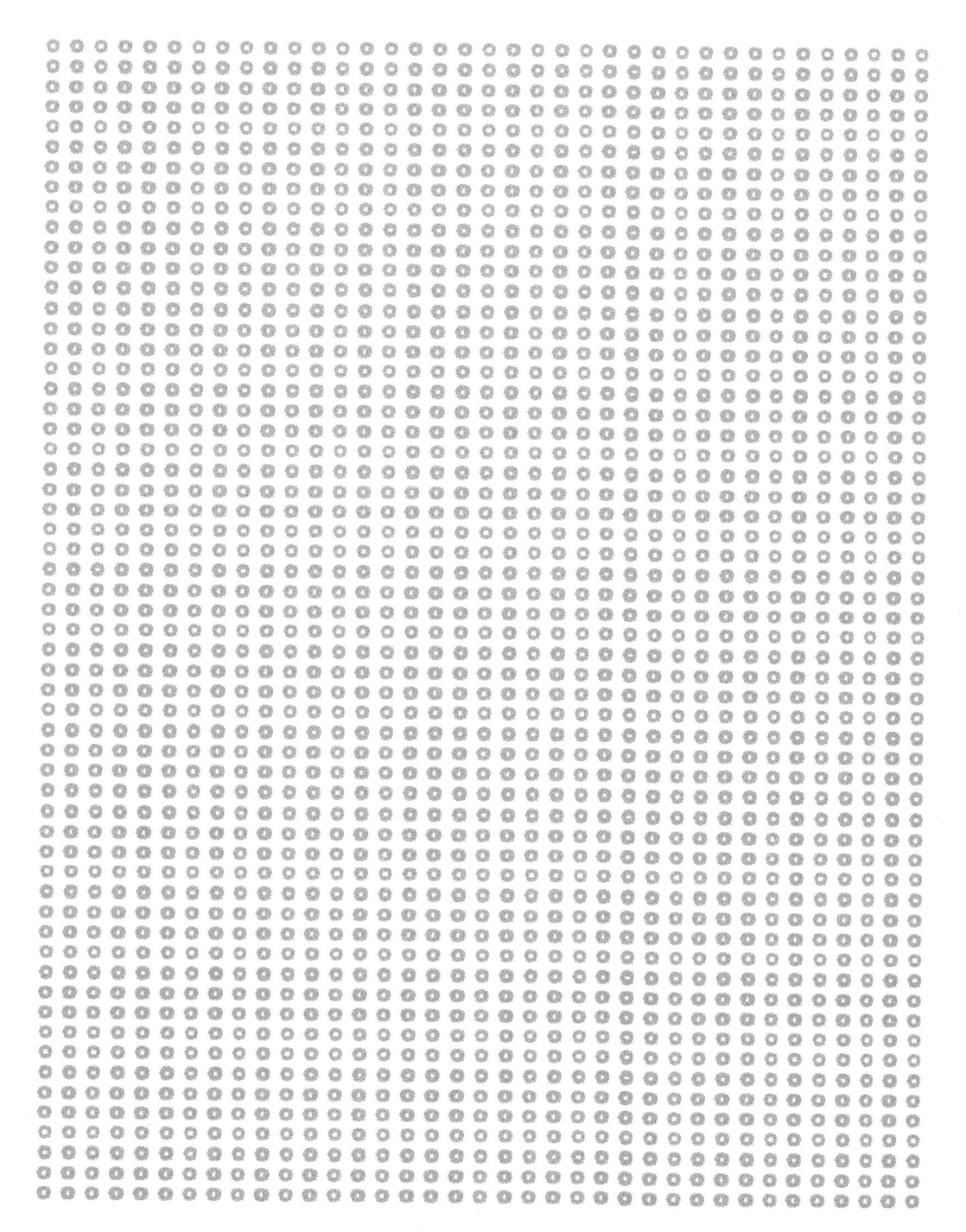

布局设计用纸

布局设计用纸

布局设计用纸

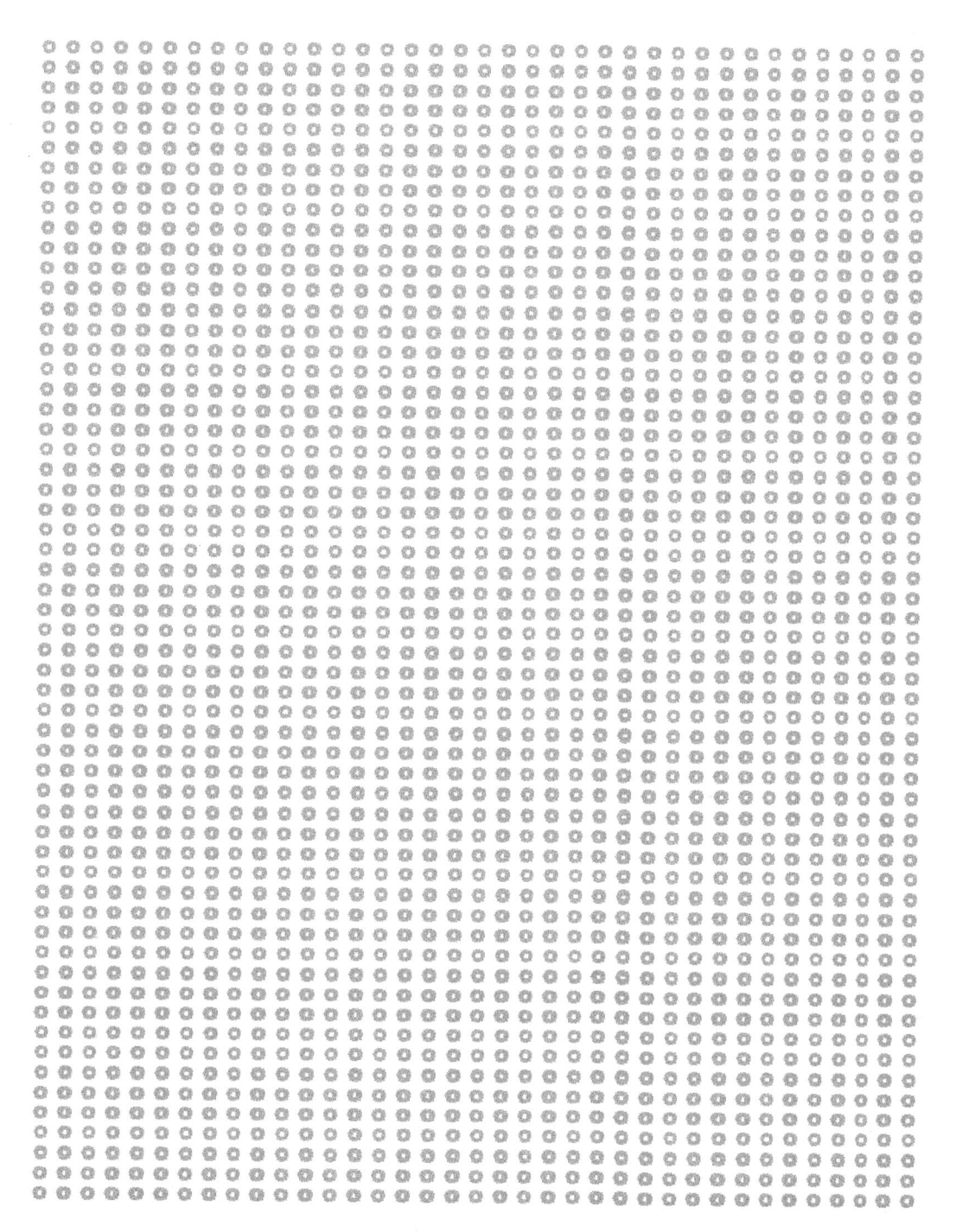

布局设计用纸

布局设计用纸